JN070935

脱炭素DX

すべてのDXは脱炭素社会実現のために

株式会社メンバーズ・
ゼロカーボンマーケティング研究会 著

プレジデント社

はじめに　生活の中で実感する気候危機

株式会社メンバーズ専務執行役員　西澤直樹

　1984年1月31日の長野市は大雪に見舞われました。当時の気象データによると平野部でも33cmの積雪、平均気温はマイナス4.6℃の極寒。深々と雪が降り積もる夕方、私は長野赤十字病院で生まれました。今から37年前のことです。今でも誕生日になると両親から「あの日は特に大雪で、クルマが出せないものだから、お祖母ちゃんがバスで2時間かけて駆け付けたんだよ」と、お決まりの話を何度も聞かされます。

　実際、幼少期の長野の冬は厳しかったと記憶しています。毎年12月ごろから根雪が積み重なってできた雪の壁は、自分の背丈をはるかに超える強大な壁のようでした。軒先に大小連なる氷柱は、子供ながらに壮観な景色でした。雪が降った次の日は、庭先でのかまくら作り、ソリ滑り、雪合戦……。今になって子供時代に思いを馳せると、印象的な思い出は冬の季節が多いのです。

　いつしか降り積もった雪が低いと感じるようになったのは、私の背丈が伸びたことだけが理由ではありません。2001年に東京の大学に進学が決まり、長野市で過ごした最後の冬（12月〜2月）の合計降雪量は144cm。生まれた年の約半分まで減っていました。子供時代、父親によく連れて行ってもらった市内から一番近い飯綱高原スキー場は、降雪不足とスキー客の減少のため、2020年に閉鎖されました。このスキー場は1998年長野五輪の会場の一つでもありました。あの時の歓声が20年後に落胆に代わることになるなど、誰が予想したでしょうか。

こうした現象は、長野市だけで起きていることではありません。私たちの経済活動によって生み出された大量の温室効果ガスにより、日本全国、世界各地には、もっと致命的で不可逆的な影響が起きている場所さえあるのです。先に述べた長野市の降雪量の減少は、言うまでもなく気候変動の一端です。逆に降雪量が局所的に増える地域があったり、過去に類を見ない大雨や40℃を超す熱波が起きるなど、地球環境はいまだかつてない危機に直面しています。

私たち人間が招いた気候変動は、私たち自身が解決するしかありません。地球の異変に気付いた人々が世界中で声を上げ始め、各国がこぞって脱炭素に舵を切る中、私たちの生活に一番関わり合いの深い「企業」は、いま何をすべきでしょうか?

気候変動問題をビジネスでどう解決しますか?

私が所属する株式会社メンバーズは、その答えを追求し続ける覚悟を胸に「VISION2030」[1] を掲げ、事業を通じて気候変動に立ち向かうことを宣言しています。

「日本中のクリエイターの力で、気候変動・人口減少を中心とした社会課題解決へ貢献し、持続可能社会への変革をリードする」(株式会社メンバーズ・VISION2030)

メンバーズは、いわゆるデジタル技術を活用したマーケティング支援を主軸に、ビジネスを展開している企業です。膨大な二酸化炭素排出を伴う製造業でもなければ、再生可能エネルギー(以下、再エネ)を大量に生産できる企業でもありません。それゆえ、こうした覚悟と宣言を、不思議に感じる方もいるかもしれません。しかし当の私たちは、しごく当然のことと受け止めています。

理由は実に単純かつ明快です。「人が住めなくなった地球には企業も社会も経済も存在できないから」です。

　極端な話かもしれませんが、かといって、決して絵空事でもありません。誰もが空想できる事柄は、突然リアリティをもって私たちに迫ってくるものです。

　十数年前、メンバーズは短期的な利益を追い求めた結果、大口顧客を失い、倒産の危機に直面しました。順風満帆に見えた航海は、突然大嵐に巻き込まれたのです。その時から経営の羅針盤を「いま」ではなく「未来」に向けて、持続可能な企業になるための哲学を創りました。いわゆるCSV（Creating Shared Value：共通価値の創造）経営へ大転換を行ったのです。気候変動とはまったくスケールの違う話ですが、危機を予測し、備え、乗り越えるという意味では、気候変動問題と企業経営は同工異曲です。100年先も続く企業で在りたいと願うことは、100年先の地球を想像することから始まるのです。

　では、デジタルマーケティングを事業の柱に据えるメンバーズに、一体どんなことができるでしょうか。どのように脱炭素社会化に貢献し、なおかつ、お客さまと自社が共に成長し得るビジネスを実現できるのでしょうか。その鍵はDX（デジタルトランスフォーメーション）にあると、メンバーズは考えています。デジタルのスキルと知見、そしてCSV経営の経験を融合しながらお客さまのDXを支援することで、脱炭素社会の実現に貢献し得るビジネスを共創できると信じているのです。

　とはいえ、気候変動問題は今日から始めて明日解決できることでもなければ、一足飛びに実現できることでもありません。そこでメンバーズのお客さまと共に考え、本問題を解決すべく立ち上げたの

が、本書を制作した「メンバーズ・ゼロカーボンマーケティング研究会」です。本書に特別寄稿してくださった京都大学大学院の諸富徹教授をはじめ、脱炭素にいち早く取り組んでいる企業経営者の方たちとの議論を通じて、これからのビジネスの在り方を日々追求しています。

　本書はその研究会を通じて生まれた議論や、題材にした事例などをもとに、「企業はなぜ脱炭素DXに取り組むのか、どのように取り組むべきなのか」についてまとめたものです。現在進行形の研究であるがゆえ、確実な答えを明示するには至ってはいませんが、答えを共に考えていくための手立てとして、本書が皆さまのお役に立てるとしたら、これ以上の喜びはありません。

　本編に進む前に、あらためて問いましょう。
　「あなたの会社は気候変動問題を、ビジネスでどう解決しますか？」

2021年8月12日

*1 https://www.members.co.jp/company/vision2030.html

Contents

第**4**章

一挙公開！
3社の取り組み事例

再エネで電力の民主化を

お客さまとの共創により電力をつくる

気候変動対応に取り組み、販売促進につなげる

Contents

第 **5** 章
あなたの企業の
存在意義は？

第 **6** 章
変貌するキャピタリズム
（京都大学大学院　諸富 徹 教授　特別寄稿）

先進企業がこぞって
「脱炭素化」するワケ

01

Chapter

「気候危機」の最重要キーワード

　2020年の冬以降、「脱炭素」は注目のワードになっています。ニュースや新聞などで報じられる機会も、日に日に増えています。脱炭素に対するそうした世の中の流れは、Google Trendsにおけるキーワード検索結果からも明らかです（図1-1参照）。この本を手に取られている方にとっても、気になっているワードの一つなのではないでしょうか。

　本書は、脱炭素社会を実現するための方策である「脱炭素DX」をテーマに据えています。脱炭素DXとは「**企業がDXを通じて持続可能なビジネス成長と脱炭素社会創造を同時に実現すること**」と、メンバーズでは定義しています。

　「脱炭素」と同様に「DX」も、ここ一年の間に急上昇している検索キーワードです。アメリカのバイデン政権の積極的な気候危機対策であるグリーンディール政策の大規模な推進や、日本も菅政権発足

図1-1 | **Google Trends「脱炭素」の推移**（2019年1月～21年7月）

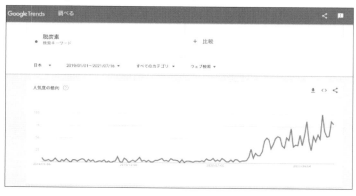

後、政策の柱として「脱炭素」と「DX」を掲げるなど、今まで欧州主体だった流れは、すでに世界のトレンドになっています。こうしたことを背景に、社会や経済のゲームのルールが大きく変わってきたことの証しの一つでしょう。

　そもそも、なぜ脱炭素化に向けた取り組みが求められているのでしょうか? その理由は、脱炭素化が「地球温暖化」をこれ以上進めないための重要なアクションだからです。
　「地球温暖化」や「気候温暖化」「気候危機」などもここ数年で目にすることが増えてきた検索キーワードです。検索件数が上昇しているということは、そうした事象が世界各地で増えている、ということでもあります。最近では2021年6月に、カナダで49.6℃という同国における過去最高気温を記録しました。これはそれまでの最高気温だった1937年の観測記録を、実に5℃近くも上回る数字でした。

　国連機関「気候変動に関する政府間パネル(IPCC:Inter-governmental Panel on Climate Change)」は2021年8月9日、異常気象と地球温暖化の相関関係を科学的な見地から示した第6次評価報告書を発表しました。「人間の影響が大気、海洋及び陸域を温暖化させてきたことには疑う余地がない」「人為起源の気候変動は、世界中の全ての地域で、多くの気象及び気候の極端現象に既に影響を及ぼしている」「継続する地球温暖化は、世界全体の水循環を、その変動性、世界的なモンスーンに伴う降水量、降水及び乾燥現象の厳しさを含め、更に強めると予測される」などを科学的見地から指摘し、より一層の地球温暖化対策推進を提言しています。

　危機的な気候変動を食い止めるため、2015年12月にフランス・パリで開催されたCOP21(国連気候変動枠組条約第21回締約国会議)におい

図1-2 | 地球温暖化と脱炭素化の関係

国内のエネルギー供給の割合

※2019年度エネルギー需給実績 経済産業省 注:年間の国内総供給量に基づく

| 石炭・石油 62.4% | ガス 22.4% | 再エネ 9.3% | その他 5.8% |

**使うエネルギー自体を
CO₂を排出しない再生可能エネルギーに
変える必要がある！**

そもそも再生可能エネルギーって？

太陽光・風力・水力・地熱などの
自然にあるエネルギー源を使って、
温室効果ガスを排出せずに発電が可能な
エネルギーのこと。

各国の再エネ導入目標比率は？

日本	2030年までに22〜24%
ドイツ	2030年までに65%
EU	2030年までに57%

※自然エネルギー財団 2021
欧州各国・米国諸州の2030年
自然エネルギー電力導入目標

地球温暖化を抑えて、
地球に住み続けるためには・・・

CO₂排出量を**2050年までに実質ゼロ**に

する必要があります　IPCC 2018
「1.5°C特別報告書」

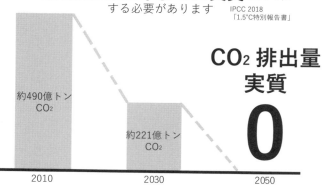

約490億トン
CO₂

約221億トン
CO₂

**CO₂ 排出量
実質

0**

2010　　　　　　2030　　　　　　2050

気候危機と地球温暖化

熱波や豪雨、干ばつ、森林火災、そして台風
ここ数年で激化し、発生頻度が高まる自然災害
このような「気候危機」の大きな要因の1つが
「地球温暖化」と言われています。

地球温暖化はなぜ進んでいる？

地球の大気に含まれている二酸化炭素などの温室効果ガスは、
地球の表面の熱を捉えて、大気を暖める温室効果をもたらします。
温室効果ガスがない場合の地球の表面温度はなんと氷点下19℃。
温室効果ガスがあるおかげで地球の平均気温はおよそ14℃に。

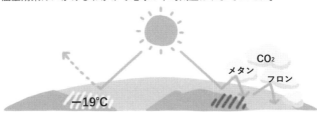

しかし、大気中の温室効果ガスが増えると温室効果が強まり、
地球の気温が高くなります。**地球温暖化の原因は人間の活動によって出る
二酸化炭素が急激に増え続けているため**だと言われています。

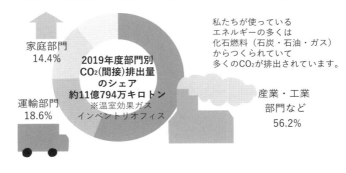

私たちが使っている
エネルギーの多くは
化石燃料（石炭・石油・ガス）
からつくられていて
多くのCO_2が排出されています。

て、世界約200か国が合意しパリ協定が成立しました。パリ協定は、産業革命前と比較して世界の平均気温上昇を2℃より十分低く抑え、1.5℃までに抑える努力を追求することを目的としています。パリ協定の下で国際社会は、今世紀後半に世界全体の温室効果ガス排出量を実質的にゼロにすること、つまり「脱炭素化」を目指しています。

　パリ協定は、気候変動による影響に対応するための適応策の強化や、諸々の対策に必要な資金・技術などの支援を強化する仕組みを備えた、包括的な国際協定です。こうしたパリ協定の在り方が示すとおり、脱炭素化は地球温暖化問題を解決し気候変動を食い止めるための最も効果的な手段として、世界中で認識されているのです。図1-2は、そのような地球温暖化と脱炭素化の関係を示したものです。

経済成長と気候変動対策は両立できる

　バイデン政権は、1期目に気候変動対策関連費用として2兆ドルを投資しています。欧州連合（EU）に出遅れた気候変動対策を一気に巻き返し、リーダーシップを取るべく活動しています。2021年4月のアースデーに合わせ開催された世界気候変動サミットでは、米国の温室効果ガスの排出量を2005年の水準の50〜52％削減すると発表しました。これに呼応する形で、菅義偉首相は2030年までに、2013年比で46％削減することを発表しています。

　また、中国の習近平国家主席も2020年9月、国連総会の会合に出席した際、2060年までの温室効果ガス排出量実質ゼロを表明しました。このように、世界が本格的に脱炭素社会の実現にむけ動き始めたことが示すとおり、ゲームのルールが変わり始めているのです。

　従来は、エネルギー消費量とビジネス成長は正比例でした。いわ

ずもがな、従来のエネルギーは、生産時に莫大な温室効果ガスを発生する石油や石炭などの化石燃料を中心としていました。それに対して、今後はCO_2を排出しない自然エネルギーを活用しなければならず、かつ、エネルギー使用量を減らしながら、ビジネスを成長させていかなければならないのです。

　こうした、経済成長を維持しつつ、エネルギー消費を減らしていく考え方は、「デカップリング」と呼ばれています。英語が意味するとおり、両者を切り離すということです。経済成長とエネルギー消費量の反比例が大きければ大きいほど、脱炭素社会時代での持続可能性が高まるのです。

　デカップリングの考え方に対しては、気候危機懐疑論や陰謀説、欧米の経済戦略など、さまざまな意見も聞こえてきます。しかし各国の規制など着実に脱炭素シフトが進み、その規制の中でビジネスをしなくてはならないのです。

　図1-3はみずほフィナンシャルグループが出したレポートですが、欧州、アメリカ、中国のアメ（支援）とムチ（規制）を示しています。

　もはや経済成長と気候危機問題解決を両立しなければ企業を持続させられない経営環境になっています。例えば世界の国々でハイブリッド車を含むガソリン車の新車販売規制が進んでいます。EUでは、2035年以降、ハイブリッド車を含むガソリン車の新車販売を禁止する方針を打ち出しました。イギリスも2030年までにガソリン車販売ゼロ、日本も、2035年にガソリン車販売ゼロの目標を掲げました。中国も2035年をめどに新車販売は、EVやハイブリッド車などの環境対応車に限定することを明言しています。

　気候変動対策に最も積極的なEUの執行機関・欧州委員会は2021年7月14日に、2030年までに温室効果ガスの排出を1990年比で55％削減する目標の達成に向けた対策案を発表しました。決定に

図1-3│脱炭素化に向けた主な政策対応例

	支援(アメ)
欧州	・欧州復興基金 ・グリーン関連の経済対策(各国) ・石炭火力発電全廃に対する州政府への支援(独) ・産業用需要家に対する再エネ賦課金の減免措置(独) ・自動車産業のEV化支援(独・英) ・電動車購入補助金制度(独・仏・英) ・水素戦略に対する投資(独・仏・英)
米国	・インフラ(道路、橋、送電線、ブロードバンド等)への投資 ・リチウムイオン電池、次世代原子炉、グリーン水素、CCUS等に関する投資
中国	・再エネ新規設備投資 ・発電量の拡大、送電線の整備 ・省エネ車に対する普及補助金 ・水素技術開発に対する補助金

(注)米国はバイデン大統領の選挙公約に掲げた内容に基づくものであるため実施は未定

は加盟国や欧州議会の承認が必要としてはいるものの、ハイブリッド車を含むガソリン車の新車販売を2035年から事実上禁じるとし、「炭素国境調整措置(国境炭素税)」の導入も盛り込みました。

「国境炭素税」とは、規制が遅れている国からの輸入品に関税を課す政策です。気候変動に積極的に取り組むEU域内企業が競争不

規制（ムチ）
・ EU排出量取引 (EU-ETS)   ・ 欧州CAFE規制   ・ 建築基準の段階的強化 (独)   ・ エネルギー供給事業者に対する顧客の省エネ義務化 (英)
・ 電力セクターに対するネットゼロ基準の導入   ・ 車両燃費基準の強化   ・ メタンガス規制等、規制・基準の再強化   ・ 化石燃料補助金の停止
・ 地域別消費電力量に占める再エネ比率目標   ・ 固定価格買取制度 (FIT)   ・ 排出量取引 (試行運用中)

出典：「One シンクタンクレポート MIZUHO Research & Analysis 気候変動問題の本質と行方② ～世界との比較から脱炭素に向けて 日本に求められるものを探る～」(https://www.mizuho-fg.co.jp/company/activity/onethinktank/pdf/vol023.pdf)
資料出所：各国政府より、みずほ総合研究所作成

利にならないように、輸入事業者に対し、輸入品の製造過程で発生した排出量に応じた金額を支払うように求めるもので、2026年からの本格的な導入が計画されています。

　国境炭素税の導入は、アメリカでも検討されています。これらが進むと、気候変動問題に対応できていない国や企業は大きな苦境にたたされてしまいます。もはや経済成長と気候危機問題解決を両立

しなければ、企業を持続させられない経営環境になっているのです。

　国境炭素税導入の背景には、各国での炭素税（CP：カーボン・プライシング）の格差も潜んでいます。欧州をはじめ積極的な導入が始まっている炭素税ですが、日本では企業にとって大きな負荷になるとの考えが、いまだ根強くあります。

　図1-4で下位にあるアメリカは、バイデン政権になってもCP導入は明言していません。しかし電力、自動車、建物、石油・天然ガスへの規制措置強化を政策に盛り込むと同時に、競争力確保のために国境炭素税の検討を始めています。

　世界の国（行政）、民間企業、NGO／NPO、財団、生活者の共通目標であるSDGs（Sustainable Development Goals：持続可能な開発目標）でも、脱炭素化社会実現に向けた取り組みは、喫緊の課題として明確に目標化されています。具体的には、目標7「エネルギーをみんなに そしてクリーンに」、目標13「気候変動に具体的な対策を」として掲げられています。世界は社会課題解決に向け、積極的に動き出しているのです。

　そしてその課題解決は、多額の投資を生み出すとも言われています。国連はSDGsの達成のために2030年までに年間2〜3兆ドルの投資を明言しています。

　このような企業への投資額は、企業が脱炭素化に取り組んでいるかどうかで大きく変動しています。環境（Environment）、社会（Social）、ガバナンス（Governance）を投資指標の一つとする、いわゆるESG投資額は、近年増加傾向にあります。環境や脱炭素化にコミットする企業への投資が、劇的に増えているのです。

図1-4 | 全部門の実効炭素価格の国際比較

OECDによれば、各国の実効炭素価格（排出枠価格、炭素税、エネルギー税の合計）は以下のとおり。

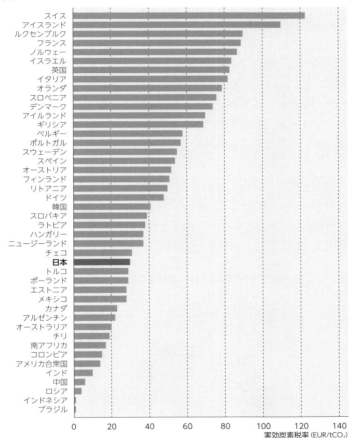

※炭素税・エネルギー税の税率は2018年7月時点、排出枠価格は2015年時点
※個別の減免措置を加味するため、各国の部門別の実効炭素価格（炭素税・エネルギー税の税率の合計及び排出量取引制度の排出枠価格）を、部門別のエネルギー起源CO_2排出量で加重平均をとって算出。各国の炭素税・エネルギー税の税率及び部門別排出量はOECD「Taxing Energy Use 2019」の値（税率は2018年7月1日時点）、各国の排出量取引制度の価格及びカバー率はOECD「Effective Carbon Rates 2018」の値（排出枠価格は2015年時点）。排出量と課税額にそれぞれバイオマス起源排出への課税が含まれる。
出典：環境省「炭素税・国境調整措置を巡る最近の動向」より作成

その一方で、脱炭素化にコミットしていない企業は、株主提案でその対応を迫られたり、場合によっては出資を引き揚げられたりもしています。2025年に想定される世界の運用資産残高140.5兆ドルのうち、ESG資産は53兆ドル。実に3分の1を超えると予想されているのです[*1]。

投資残高1,000億円超、世界最大の投資運用会社であるブラックロックのCEO、ラリー・フィンクは、投資先企業のCEOに向けた書簡で「気候リスクは投資リスク」と明言し、「サステナビリティをブラックロックの新たな投資の機軸に据える」と宣言しています[*2]。資本主義の大元である金融機関も大きくシフトし始めているのです。

企業の商品を購入する生活者の意識も、大きく変化しています。
弊社の「気候変動問題・SDGsに関する生活者意識調査」（詳細は41ページ参照）でも、地球温暖化をはじめとする気候変動問題に関心を寄せる人は全体の60％を超えています（図1-5参照）。世代に関係なく、

図1-5｜「地球温暖化問題に関心はありますか？」回答結果[*3]

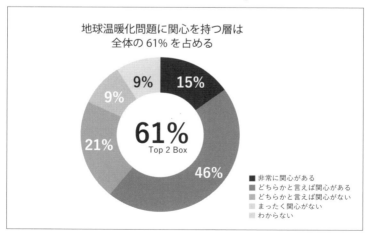

地球温暖化問題に関心を持つ層は
全体の61%を占める

61%
Top 2 Box

15%
9%
9%
21%
46%

■ 非常に関心がある
■ どちらかと言えば関心がある
■ どちらかと言えば関心がない
■ まったく関心がない
■ わからない

共通の大きな関心事項になっていることも特徴です。

　これは、生活者の気候変動に関する意識と消費行動に関して実施された調査です。その結果、生活者は企業に対しても気候変動問題解決への行動を期待しており、コミットする企業の商品やサービスを購入したいという意向が高まっていることが明白になりました。海外では気候変動問題解決に取り組まない、あるいは逆行している企業の商品はボイコットされ、すでに大きなビジネスリスクとなっています。こうした、気候変動問題解決に対する世の中の大きな流れをまとめたものが、図1-6です。

様変わりした「ゲーム」のルール

　先ほど、脱炭素社会の実現にむけゲームのルールが変わり始めていると述べましたが、どのようなゲームチェンジになるのでしょうか? 図1-7に沿って、一つずつ見ていきましょう。

■ 経済モデル

　資本主義の成長期は、エネルギー消費量を気にせずに大量に物を作り顧客に消費してもらう、大量生産・大量消費モデルでした。過去形で書いたのには理由があります。すでにこのモデルが終焉に近づいているからです。モノあまりの時代が到来しています。なおかつ、生産のためのエネルギー消費により、地球には危機的な状況が巻き起こっています。

　こうした状況を打開するため、欧州を中心に、循環型生産消費モデル＝サーキュラーエコノミーが推進されています。生産や流通での消費エネルギーを再エネで賄い、かつ省エネを推進し、商品も長く使い、そして最終的には廃棄ではなく回収するなどして、社会の中で資源をできる限り循環させる仕組みです。企業にとっては制約

図1-6 | 経済成長と気候変動対策を両立させるデカップリングが必要

気候変動を止める具体的な目標「パリ協定」

産業革命以降の平均気温上昇を **2℃未満** に抑制。

1.5℃未満への抑制を努力 する。

目標達成には **2050 年までに CO_2 排出量をゼロにする** 必要がある。

なぜ2℃？

気候変動によって食糧危機や台風・豪雨による
移民・難民、貧困などさまざまなリスクが発生。
気温上昇が2℃を超えると事態は深刻に。
1.5℃に抑える努力をすることが求められる。

世界中が脱炭素に動いている！

**2050 年 CO_2 排出量実質ゼロの達成には
ビジネスの在り方、経済政策の変革が必要不可欠。**

変革が求められる日本の現状

100%

54%

2050 年までに
CO_2 排出量実質

0%

2013   2030   2050

2030 年には 46% の排出量削減
（2013 年比）が目標。

2050 年までに排出量実質ゼロを
達成するためには

残りの 54% の 急激な削減が求められる！

高度経済成長期

これから

成長

脱炭素社会は、産業革命以来の変革期にある。

CO_2

CO_2

これからの社会では、
CO_2排出量を削減しながら、経済成長をする
デカップリングが求められる。

CO_2排出量

デカップリングには変革が必要!

具体的な変化は表れている。

市場の変化

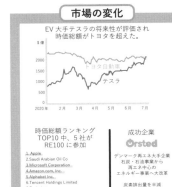

EV大手テスラの将来性が評価され
時価総額がトヨタを超えた。

$億

トヨタ自動車

テスラ

2000
1500
1000
500

2020年　　2月　　3月　　4月　　5月　　6月　　7月

時価総額ランキング
TOP10中、5社が
RE100に参加

1. Apple
2. Saudi Arabian Oil Co
3. Microsoft Corporation
4. Amazon.com, Inc.
5. Alphabet Inc.
6. Tencent Holdings Limited
7. Tesla Inc
8. Facebook Incorporation
9. Alibaba Group Holding Ltd
10. Taiwan Semiconductor Manufacturing
　　Company Limited

成功企業

Ørsted

デンマーク再エネ大手企業
石炭・石油事業から
再エネ中心の
エネルギー事業へ大改革

炭素排出量を半減
時価総額は
日本国内電力大手10社の
合計を超える。

消費者の変化

応援購買

好ましい企業の
商品やサービスを
積極的に選ぶ。

購買意向の高まり

51%
Top 2box

12%
39%
41%

社会課題の解決に積極的
に取り組んでいる企業や
ブランドの商品へ
全体の51%が
購入意向を示す。

図1-7｜脱炭素社会の実現にむけたゲームチェンジ

	今まで	これから
経済モデル	大量生産・大量消費モデル	循環型生産消費モデル
目標	売り上げ／株主利益重視	売り上げ／関係者利益重視
利用エネルギー	化石由来エネルギー	自然由来エネルギー
炭素生産性	低い	高い
商品方針	モノ作り中心	コト作り中心
顧客	購買者	共創者
差別化	競合より便利なもの／安いもの	競合より意味のあること

だらけとも思えるモデルですが、裏を返せば、制約があるからこそ多くのイノベーションを生み出す可能性を秘めていることも、また事実です。それを具現化している事例を第3章に掲載しています。

■ 目標

　米国の主要企業が名を連ねる財界ロビー団体「ビジネス・ラウンドテーブル」が2019年8月に公表した声明は、「株主資本主義から脱却し、ステークホルダー資本主義への転換」であるとして、世界に大きなインパクトを与えました。従来の株主のための自社中心の利益偏重主義の考えを改め、企業の存在意義であるパーパスの達成をも目指すべきだとしたのです。同団体はステークホルダーを、顧客、従業員、サプライヤー、社会／地域コミュニティ、株主と定義しています。より多くの関係者のために何を成し得るのかが、今、企業に問われています。

■ 利用エネルギー

　石油、石炭などによる化石燃料は、エネルギー変換の際に多くのCO_2を排出します。基本的にはこれを自然由来のエネルギー、すな

わち風力、水力、太陽光、地熱などに置き換え、CO_2の排出を限りなくゼロにすることです。工業などでの生産に使われるエネルギーはもちろんのこと、トラック、飛行機、船による商品輸送の過程でも、その輸送手段が化石燃料由来のエネルギーによるものであれば削減対象になります。

■ 炭素生産性

耳慣れない言葉かもしれません。これは先ほどご紹介したデカップリングに関係する指標です。ある意味、これからの重要業績評価指標（KPI）とも言えます。

この炭素生産性が高いほど、脱炭素社会での持続可能性は高まります。巻末の京都大学大学院諸富徹教授による特別寄稿文にもあるとおり、サーキュラーエコノミー先進国の炭素生産性は、現実として高まってきています（図1-8参照）。

■ 商品方針

モノ作りが強みであった日本にとっては厳しい変革になりますが、モノ作り（物質化）には多くのエネルギーを必要とします。かつ、モノ

図1-8｜炭素生産性の定義

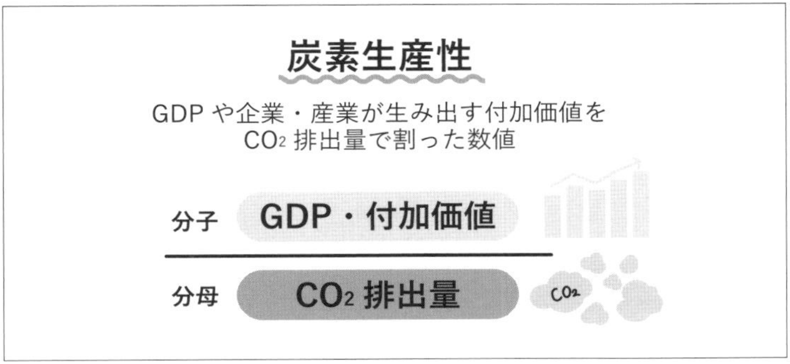

炭素生産性

GDPや企業・産業が生み出す付加価値を
CO_2排出量で割った数値

分子　GDP・付加価値
───────────────
分母　CO_2排出量

がコモディティ化する中で、モノ作りの現場は生産コストの安い国に移行し、日本での優位性は以前より薄れてきています。

アメリカは1980年台にモノ作り戦線から離脱し、GAFAMをはじめ非物質的な財産を生み出す事業にシフトし、成長を遂げています。アップルは「iPhone」や「Mac」など、ハードウェアとしてのモノを作っていますが、同社が作るモノの強みはあくまでもOS、つまり非物質である「コト」です。

事実、ハードウェア作りだけに注力しているPCメーカーは、アメリカでは衰退しています。非物質化に関しては123ページに詳しく記載しているので、あわせてご参照ください。

■ **顧客**

企業は顧客に物を売って利益を上げることで会社を成長させてきました。しかし、脱炭素化社会にこのモデルは通用しません。2つの理由から、変わらざるを得ないのです。

1つは顧客の価値観の変化です。2章で詳しく述べますが、顧客のニーズや関心がモノの価値だけではなくなってきています。場合によっては、モノの価値以上に気候変動問題などの社会課題解決への関心が高まり、その解決を企業にも期待し始めています。

2つ目は、これからの経済モデルである循環型生産消費モデルが、顧客の理解や協力なしに成り立たないことです。例えば商品の回収、価格への理解、脱炭素化にチャレンジする企業への応援購買など、循環型生産消費モデルに必要な行動は企業だけでは成し得ません。それに伴い、顧客の位置づけも変化します。ターゲットとして狙われる存在から、共に脱炭素化社会を実現するための共創者という存在になるのです。企業には、顧客とのより深いエンゲージメント関係構築・維持のためのコミュニケーションが必要になります。

■ 差別化

　市場競争においては、競合よりも便利で安いものが勝つ、というのがこれまでの常識でした。しかし情報社会では、検索しさえすれば「最も」便利で「最も」安いものがすぐに見つかり、ワンクリックで買えてしまいます。つまり、最も便利で最も安いものがどんどん成長する状況です。

　こうした状況の中、今後は、顧客にとって意義のあることか否かが、商品を差別化するようになります。同じ機能があるモノならば、顧客は意義がある方を購入します。なぜその企業がその商品・サービスを作り、販売しているのか？ そうした理念や哲学を企業活動の中心に据え、パーパス経営を実践する企業が近年増えてきています。パーパス経営については、第5章に詳しく記載していますのであわせてご参照ください。

「ビジネスチャンス」と捉えられるかが鍵

　ここまでに前述した、企業が脱炭素化に取り組む理由について、弊社の考えを整理しておきます。

- 脱炭素化を推進する法律、規制をはじめとするビジネスのゲームのルールが変わってきており、そのルールに対応しないとビジネスができなくなる。
- 社会課題解決、特に気候変動問題解決にコミットしている企業への投資（ESG投資）が増えてきている。一方、ESGにコミットしない企業からは、投資が引き揚げられ始めている。
- 気候変動問題は消費者の大きな関心事になっており、気候変動解決に取り組む企業の商品・サービスの購入意向が高まっている。一方、取り組まない企業は、不買リスクが高まっている。

- 我々が生活し、ビジネスを展開している地球が危機的状況にある。全ての人が取り組まないと手遅れになる。そのためSDGsの目標達成が、企業の目標にも組み込まれ始めている。
- 炭素税や国境炭素税などの広がりにより、現行のままでは企業競争力低下が懸念される。
- ビジネスのゲームのルールが変わることで、新たなイノベーションが起こってきている。

　脱炭素化社会に向けたゲームチェンジは、イノベーションが必要とされているなど、実はビジネスチャンスでもあるのです。しかし、日本の多くのビジネスパーソンは、このゲームチェンジをビジネスの機会として捉えているのでしょうか?

　確かに脱炭素化には、設備投資など多くのコストがかかります。その分をどう取り返すのか? 取り返せるのか? といったネガティブな側面ばかりが目につき、頭を悩ませている方も多いように見受けられます。実際に図1-9の帝国データバンクの調査によれば、温室効果ガス排出抑制に取り組む企業の目的は、決してポジティブなものではありません。

　一方、先行する欧米企業は、気候危機問題の解決を環境や倫理観だけで進めているわけではなく、この機会を新しいビジネス機会と捉えています。ビジネスの機会を効果的に活かすため、ビジネスモデルの変革や、それに伴う投資を強化しています。

　SDGsは、そもそも企業が本業で社会課題を解決することを目指しています。つまり、ビジネスの力なくして目標達成はありえないとしているのです。SDGsによってもたらされる市場機会の価値は年間12兆ドル。2030年までに、3億8000万人もの雇用を生み出すと推測されています。特に気候危機問題は全ての社会課題の根幹に

あり、SDGsの各ゴールで最も多くのビジネス機会をもたらすと言われています。

　私たちは、気候危機問題の解決と企業の持続的な成長は可能であると考えます。むしろ適切な経済成長がない限り、課題解決はより一層難しくなるものと考えています。無論、経済活動をストップすれば話は別ですが、経済活動なき社会は、今後も成り立たないことでしょう。

図1-9 | 温室効果ガス排出抑制に取り組む目的

(%)

		全体	大企業	中小企業
1	コストの削減 (電気料金など)	55.7	57.1	55.4
2	法令順守	48.9	54.3	47.7
3	CSR (企業の社会的責任) の一環	24.6	37.5	21.6
4	SDGsへの対応	22.7	33.6	20.1
5	事業継続性の強化	20.9	20.2	21.1
6	資格や認証の取得 (ISO、エコアクション21など)	13.6	20.9	11.9
7	自治体が定める基準への対応	9.7	11.9	9.2
8	ステークホルダーとの良好な関係の構築	8.5	14.9	7.0
9	自社へのメリットを超えた環境への配慮	7.9	7.7	8.0
10	政府が掲げる目標への対応	6.5	9.5	5.9
11	世界的な機運向上への対応	5.6	6.5	5.4
12	投資価値の向上	2.8	3.7	2.5
13	金融機関からの融資条件への対応	1.4	1.6	1.3
	その他	1.8	1.2	1.9

注1：網掛けは、企業規模比較で5ポイント以上高いことを示す
注2：母数は、「温室効果ガスの排出抑制に取り組んでいる」企業9,484社
出典：株式会社帝国データバンク「特別企画：温室効果ガス排出抑制に対する企業の意識調査」
　　　(https://www.tdb.co.jp/report/watching/press/pdf/p210107.pdf)

　本書巻末の、京都大学大学院諸富徹教授の特別寄稿文にもあり
ますが、すでに欧州の国ではこの壮大な実験が開始され、炭素排出
量を下げつつ経済成長を実現するデカップリング・モデルが各地で
実現しています。それは単なる実験にとどまらず、今後の主流にな
るとみられています。

　例えばドイツでは、2000年から2013年の間にGDPが16%成長す
ると同時に、消費ベースのCO_2排出量は9%の削減に成功していま
す。同期間にイギリスでも、GDPが26%成長したのに対して、CO_2
排出量は9%下降しています。

　デカップリングの実現は企業にとって大変革だと言えます。従
来のビジネスのやり方を大きく変えることになるため、多大な投
資、リソース投入、構造改革、リスクなどを伴います。しかし大きな
決断、リーダーシップ、そして本書で提言する脱炭素DXという「武
器」を持ち前向きに挑戦することで、ビジネスチャンスとすること
ができるはずです。

新たな仕組み「サーキュラーエコノミー」

　前述のように、脱炭素化社会への変革には大きなルール変更を
伴い、企業や生活者にも多大な負担が生じます。それでもこのよう
な社会への変革は可能なのでしょうか？　その手がかりを探るべく、
国を挙げてこのチャレンジに挑むオランダの実情について、オラン
ダ在住のサーキュラーエコノミー・ジャーナリスト、西崎こずえ氏
にお話を伺いました。

　「日本の歩みに先んじて、ヨーロッパで脱炭素化社会が推進され
　ていることは、ニュースのトピックなどを通してご承知のことで

しょう。しかも、それは単なるニュースの話題として、あるいは国や企業の取り組みとしてのみならず、もはや生活の中で一般市民が実感できるところまで進んでいるのです。

　例えば国内に約2,800kmの鉄道網を持つオランダ鉄道（NS）の電車は、100％再エネで運行されているといいます。オランダは、日本やドイツなどと同様に、鉄道が発達した国として知られています。重要な物流手段であると同時に、生活者にとって不可欠な移動手段にもなっています。日本に置き換えて考えてみると、いわばJR各社の電車が全て再エネで運行されている、という感覚です。

　こうしたヨーロッパにおける脱炭素化社会推進の現実は、それを支える経済の仕組みがあるからこそ成り立っているものです。脱炭素化社会につながる、モノが循環する社会の仕組み ── いわゆる『サーキュラーエコノミー』が、トレンドの粋を超えて定着しつつあるのです。

　サーキュラーエコノミーは、これまでのような大量生産・大量消費・大量破棄のサイクルとは対極にある経済の在り方です。言い換えると、消費者の中に、これまでのような大量消費の快楽がもたらされることはありません。だからといって、サーキュラーエコノミーの中で生活するヨーロッパの生活者の間に、疲弊感や窮屈さはないように思えます。

　それどころか、消費活動をけん引するトレンドリーダーなどは、環境に配慮したモノやサービスを、時代の気分を映すスタイリッシュでおしゃれな存在として捉え、自己表現のツールとして活用さえしている様子です。むしろ、モノを循環させるような消費活動や、

図1-10 ｜ オランダのご近所コンポスト「ワームホテル」

廃棄への道をたどらず、再び原材料や資源として活用

図1-11 ｜ オランダのスーパーの充実した量り売り

持続可能なより良い未来につながるイノベーションを、わくわくと楽しんでいるように感じるのです。

　その一例が、アムステルダムを拠点としたダンス音楽フェスティバル『DGTL』(36ページ参照)。2013年に始動し、流行に敏感な若者を中心にした、スタイリッシュなトレンドとして知られています。いわゆるフェスなのですが、会場にリサイクルハブを作り、ゴミを回収することで実際に参加者たちがゴミが資源であることを実感できるような仕組みを作るなど、サステナビリティの追求をコンセプトに据えています。

　毎年改善を重ねてサステナビリティを追求し、今や『家で過ごすよりもサステナブルなDGTL』が、トレンドをけん引する若者たちの合言葉になっているほどです」

循環型社会の要諦は「再エネ利用」と「5R」

　世界に先んじてサーキュラーエコノミーの推奨を続けてきたイギリスのエレン・マッカーサー財団によると、サーキュラーエコノミーは、「原材料や製品が資材としての価値を失うことなく循環する経済」と定義されています。

　すでに社会に存在している資源を活用することが前提になるので、新たな資源を採掘する必要がありません。また、製品化されたものは、使い終わっても再利用されます。つまり、サーキュラーエコノミーの中で生み出される製品は、価値を失うことなく何度も社会の中で循環するのです。

　このシステムは、再エネ利用を原則としています。無駄な生産、消費を抑え、さらには消費後に廃棄する物を循環し、再利用するこ

とで、あらゆるレベルでのCO_2排出を抑制しようとする仕組みです。そのためには、単に資源をリサイクルするのではなく、下記の「5R」のような生活者レベルの行動により、資源を循環させる取り組みが必要です。

Reduce（リデュース）⋯⋯⋯資源や製品の利用自体を減らす。
Refuse（リフューズ）⋯⋯⋯不要ならば買わない、使わないという選択をする。
Rethink（リシンク）⋯⋯⋯⋯生産や消費の在り方を再考する。
Reuse（リユース）⋯⋯⋯⋯⋯製品を再利用する。
Repair（リペア）⋯⋯⋯⋯⋯⋯製品を修繕して使い続ける。

　企業には、生活者がこうした活動を実現できるような製品設計、循環利用システム、廃棄回収システムの提供が求められています。生活者と企業の共創が必須というわけです。
　欧州は、最も積極的に気候温暖化問題解決に向けて取り組んでいる地域です。官民学が一体となって、取り組みを推進しています。2020年2月に発表された欧州グリーンディール投資計画では、10年間で約130兆円（1兆ユーロ）を見込み、その本気度を示すには十分な投資を始めています。また、先述した通り、2035年以降、ガソリン車やディーゼル車だけでなくハイブリッド車まで含むガソリン車の新車販売を禁止する方針を打ち出しました。

　このように欧州は、自らが新たなゲームのルールを作り、いち早く取り組むことで環境問題を解決し、かつ、市場のリーダーシップを取ろうとしています。もしも実際にサーキュラーエコノミーへの移行に成功したら、EU圏内だけでも経済利益として210兆円ほどがもたらされるとの試算もあります。これは、現在のままの経済モ

デルから得られるとされる約105兆円という金額の、2倍に当たる数字です。同時に、2030年までにCO_2排出量48%の削減に成功するともみられています。

　先に述べたようにアメリカもこの流れに積極的に参画し、先行している欧州だけでなく、世界中が動き出しているのです。

第1章 引用・参照リスト

*1 Bloomberg 日本公式サイト コラム「ESG資産、2025年には53兆ドルに達する可能性ー世界全体の運用資産の3分の1」(https://about.bloomberg.co.jp/blog/esg-assets-may-hit-53-trillion-by-2025-a-third-of-global-aum/)

*2 BlackRock公式サイト LARRY FINK'S LETTER TO CEOS 2020「金融の根本的な見直し」(https://www.blackrock.com/jp/individual/ja/about-us/larry-fink-ceo-letter-2020)

*3 株式会社メンバーズ「気候変動問題・SDGsに関する生活者意識調査」内「地球温暖化問題に関心はありますか？(n=1,107)」回答結果

Column

制限をポジティブに捉える
～サーキュラー音楽フェスティバル「DGTL」～

欧州では生活者の価値観も大きく変わってきています。そして脱炭素化が生活に及ぼすさまざまな制限をむしろポジティブに受け止め、その変化を楽しもうとさえしています。ここに紹介する事例はそんな事象を表しています。

サステナビリティの追求をコンセプトに据えたダンス音楽フェスティバル「DGTL」は、アムステルダムを拠点として2013年に始動しました。現在では共感の輪が広がり、アムステルダムのみならず、チリのサンチアゴ、ブラジルのサンパウロ、イスラエルのテルアビブ、スペインのバルセロナとマドリード、インドのバンガロールと、世界7ヶ所で毎年

図1-12 | サステナビリティを追求する音楽フェスティバル「DGTL」の様子

開催されています。

　DGTLは、地方自治体と協力して、未来都市のイノベーションのためのリビングラボとしての役割も担っています。会場ではリサイクルハブを作り、ゴミを回収することで、実際に参加者たちにゴミが資源であることを実感できるよう取り組んでいます。ドリンクを提供するのは再利用可能なプラスチックカップで、デポジット制にすることで9割以上の回収率を実現。サーキュラーフードコートでは、肉に対して環境負荷が圧倒的に少ない100%ベジタリアンの食事が提供され、誰もが"一日ベジタリアン"を体験できます。

　さらに厳格なサステナブル調達計画書を提示することで、イベントサプライチェーン全体を廃棄と環境負荷ゼロに導いています。

　アムステルダム市は2018年から、「市のサステナビリティ・ガイドラインが示す基準を満たすイベントにしか開催許可を出さない」という政策を施行し始めました。サステナブルなイベントのけん引者として、今後も「DGTL」の存在感はいっそう輝きそうです。（取材協力＝オランダ在住サーキュラーエコノミー・ジャーナリスト 西崎こずえ氏）

第 **2** 章

これからの生活者に
選ばれるには

02

Chapter

環境に配慮しない製品は選ばれない

　企業が脱炭素化を推進する理由の一つが、気候温暖化に対する生活者の関心の高まりであることは、第1章でも述べたとおりです。ゲームのルールである市場の在りようと生活者の価値観が、大きく変わっているのです。だからこそ、その変化に対応できない企業は、来るべき脱炭素社会においての持続性が損なわれる可能性が、高まってきているのです。

　元来のB2C企業は、生活者や顧客のニーズを捉え、そのニーズを満たす商品を開発、販売することでビジネスの成長を成し遂げてきました。しかしながら今や、肝心の生活者や顧客の観点と価値観は、従来のニーズ、例えば安さ、特典、デザインからは大きく異なり始めています。欧米の若年層の間では、気候変動問題に取り組まない商品やサービスは購入されなくなり、それが企業にとってはビジネス上の課題にもなっています。

　それゆえに、企業の取り組みも進んでいます。マクドナルドはその動きに対して機敏に対応し、ストローをプラスチックから紙製に変換する施策を進めています。やや動きが鈍かった日本でも、SDGsの認知が広がってきました。教育の現場でも取り上げられるようになり、社会課題や気候温暖化問題に関心を持ち、アクションする人々が増え始めています。

　本章では、弊社が実施した、気候危機をはじめとする社会課題意識の変化と消費行動を結びつけた「気候変動問題・SDGsに関する生活者意識調査（CSVサーベイ2021年春）」（以下CSVサーベイ）[*1]の結果をお伝えします。それを通じて、日本の生活者意識や価値観を共有します。

　このCSVサーベイは、生活者の社会課題、気候温暖化問題意識と購買の関連性を探るために、2015年より定期的に実施しているものです。結果の推移を見ると、SDGsの認知度の高まりとともに社会課題、中でも地球温暖化問題への関心が高まり、問題解決に取り組む企業の商品、サービスへの購入意向が年々高まっていることがわかります。

　今回ご紹介するデータは、2021年2月に実施した調査の結果です。母数は1,107。弊社のカンパニーの一つであるポップインサイトカ

ンパニーが実施したネットパネル調査です。

意識調査からわかる生活者の期待

この調査から、主に次のような事柄が明らかになりました。

1. 地球温暖化問題への関心

第1章でも触れましたが、地球温暖化問題には、回答者の61%が
「関心がある（非常に関心がある、どちらかと言えば関心がある）」と答えて
います（図1-5参照）。生活者の関心の高さを示しているといえるで
しょう。

地球温暖化への関心層、エシカル購買層を世帯年収別にみると、
400万円未満が54%、1000万円以上が71%となり、世帯年収が高い
層ほど関心が高い傾向にあります（図2-1参照）。ある程度物質的には
満たされている層の方が、環境問題に目を向けやすいということが
考えられます。

図1-5 | 「地球温暖化問題に関心はありますか？」回答結果

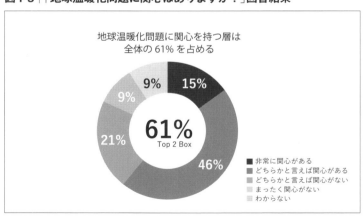

2. 企業への期待

回答者の65%は地球温暖化問題の解決を企業に期待しており、70%は地球温暖化解決に取り組む企業に対して好印象であると答

図2-1│世帯年収別、地球温暖化への関心層・エシカル購買層

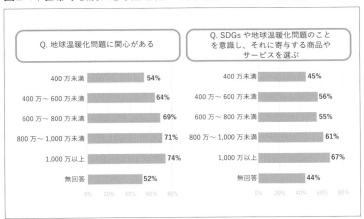

Q. 地球温暖化問題に関心がある

400万未満	54%
400万〜600万未満	64%
600万〜800万未満	69%
800万〜1,000万未満	71%
1,000万以上	74%
無回答	52%

Q. SDGsや地球温暖化問題のことを意識し、それに寄与する商品やサービスを選ぶ

400万未満	45%
400万〜600万未満	56%
600万〜800万未満	55%
800万〜1,000万未満	61%
1,000万以上	67%
無回答	44%

図2-2│「地球温暖化問題に対して、積極的に活動している企業をどのように感じますか?」回答結果

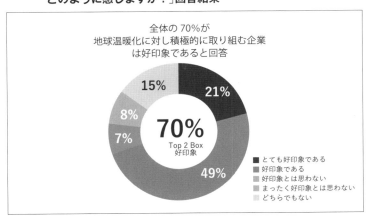

全体の70%が
地球温暖化に対し積極的に取り組む企業
は好印象であると回答

70%
Top 2 Box
好印象

21%
49%
7%
8%
15%

■ とても好印象である
■ 好印象である
■ 好印象とは思わない
■ まったく好印象とは思わない
■ どちらでもない

えています（図2-2参照）。地球温暖化に立ち向かう姿勢は、企業ブランド向上に貢献するものと思われます。

3. 地球温暖化と購買意向、購買経験

　53%が、SDGsや地球温暖化問題解決に取り組む企業の商品やサービスを購入する意向を示しています（図2-3参照）。しかし、購入に至っているのは17%にとどまりました（図2-4参照）。その理由として、「どの商品が課題解決に取り組んでいるかがわからない」という点が挙げられています（図2-5参照）。

　つまり、取り組んでいる企業が、マーケティングを通して顧客にその活動や考え方を伝えきれていないのです。逆にいえば、コミュニケーションの問題が解消されれば購入に至る、潜在購買層が存在すると考えられます。

4. 今後取り組みたい行動

　SDGsや地球温暖化を意識して、今後取り組みたいと考えている内容トップ3は「ハイブリッド車・電気自動車の利用（37%）」「再エネの電力会社への乗り換え（35%）」「ジェンダーやフェミニズムに関する勉強（34%）」。

　これらの結果はまさに購買を通じて生活者自身も気候危機を解決していこうとしている考えの表れであり、これもまた企業と生活者の共創と言えます。

図2-3 | 「SDGsや地球温暖化問題に取り組む企業の商品やサービスを積極的に購入したいと思いますか?」回答結果

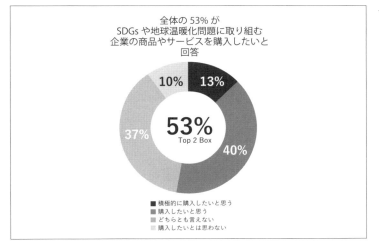

全体の53%が
SDGsや地球温暖化問題に取り組む
企業の商品やサービスを購入したいと
回答

53%
Top 2 Box

13%
40%
37%
10%

■ 積極的に購入したいと思う
■ 購入したいと思う
■ どちらとも言えない
■ 購入したいとは思わない

図2-4 | 「SDGsや地球温暖化問題のことを意識し、それに寄与する商品を買ったり、サービスを利用したりしていますか?」回答結果

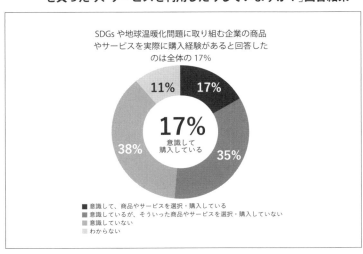

SDGsや地球温暖化問題に取り組む企業の商品
やサービスを実際に購入経験があると回答した
のは全体の17%

17%
意識して
購入している

17%
35%
38%
11%

■ 意識して、商品やサービスを選択・購入している
■ 意識しているが、そういった商品やサービスを選択・購入していない
■ 意識していない
■ わからない

図2-5「SDGsや地球温暖化問題のことを意識していたのに、それに寄与する商品の購入、サービスの利用をしなかったのはなぜですか？」回答結果

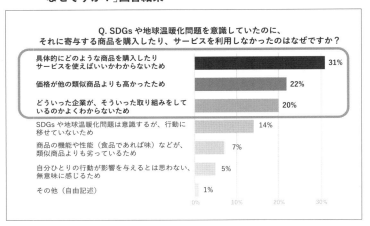

生活者、顧客のニーズを満たす商品・サービスを提供することがマーケティングだとするならば、この調査からは、新たなマーケティング視点、機会の存在も見えてきます。生活者は地球温暖化問題に関心があり、その解決を企業に期待しています。問題解決に取り組む企業の商品を購入する層、あるいは購入したい層が増えていることもわかります。

しかし肝心のマーケターは、生活者のニーズに応えることなく、相変わらず従来型のマーケティング施策を行っているように感じられます。生活者のニーズや価値観が変化する中、マーケティングにも変革（トランスフォーム）が求められているのです。

生活者を惹きつける、サステナブルな"仕掛け"

前出の調査からわかるように、生活者や顧客は企業が作る商品に

対して、商品そのものの良し悪しだけでなく、原料や素材、製造過程や流通、商品の背景にあるストーリー、社会課題や地球温暖化問題解決に取り組む活動なども、求めるようになってきています。そうした顧客ニーズの変化をうけて、実際に、例えばアパレルやシューズ、化粧品のメーカーなどの中には、自社の顧客を中心にしっかりと商品や企業のストーリーを伝えるような取り組みを始める企業も増えてきました。

図2-6｜Allbirds　店舗外観（著者撮影）

　ここ数年、若者たちを中心に生活者から熱烈な支持を受けているシューズメーカー「Allbirds」は、そうした取り組みのベストプラクティスだと思われます（図2-6参照）。デザインも素晴らしいと評価されている同社の商品は、サステナブルな素材や製造方法に徹底的にこだわっていることが大きな特徴です。そして、そのようなサステナブルな姿勢を、店舗のディスプレイなどを通して、顧客にストレートに伝えてもいます。

　デンマークの時計メーカーNordgreenも、「サステナブルな世の中を創造する」という企業の想いを、時計という形にして実現しようとしている企業です。デンマークならではのシンプルで魅力的なデザインに加え、商品の売り上げの一部が環境／健康衛生／教育系のNPOやNGOに寄付される仕組みに対しても、顧客の共感が広がっています。

腕時計の購入者は、「教育」「健康・衛生」「環境分野」の社会課題解決に取り組む3つの慈善団体から1つを選んで、寄付支援に参加することができるのです。同社はこの社会貢献プログラムの活動を通して、商品そのもの以上の価値を届けたいと考えています。

Nordgreenのサステナブルな取り組み

Sustainable Packaging

　私たちはFSC（森林管理協議会）認定のパッケージを使用しています。FSCとは適切に管理された森林や、その森林から供給された木材の適切な加工、流通を証明する国際機関です。この認証を得ている資材のみを利用しております。

Responsible Manufacturing

　デンマーク本社の企業との取り組みを行っており、海外工場でも高品質を保ったままお客様のもとへお届けしております。

Giving Back Program

　Nordgreenの社会貢献プログラムは、腕時計をご購入頂くと、デンマークが大切にしている教育／衛生・健康／環境を軸とした、3つの団体から選んで寄付できます。

Carbon Neutral

　何千本もの木を植えることで、私たちが排出している二酸化炭素の排出を抑えています。それは、私たちの腕時計が届く配送時のCO_2相殺につながっているのです。

出典：Nordgreen 日本公式サイト (https://nordgreen.jp/)

図2-7｜Nordgreen　日本公式サイト

出典：Nordgreen 日本公式サイト（https://nordgreen.jp/pages/giving-back-program）

　NPO団体への寄付支援に参加するためには、購入した時計のシリアルナンバーを入力するというひと手間がかかりますが、実はそのひと手間がプログラムに参加するモチベーションを高め、購入者のブランドへの想いを強めているのです。サステナブルな取り組みを軸にした、積極的な顧客コミュニケーションの好例です。

顧客との「共創」の道を模索する

　ここで、弊社が考えるマーケティングの変化について整理しておきます（図2-8参照）。極端な表現ではありますが、従来のマーケティングの考え方、アプローチだけにとらわれていたのでは、これから社会を支える世代にとって、マーケティング＝地球の持続可能性を考えず自社の利益を上げ続ける邪悪な手段と捉えられてしまう可能性さえあるのです。

　気候危機問題は、企業だけが取り組んでも、生活者だけが取り組んでも、決して解決することはできません。企業と顧客、生活者が共通の目的に向かって共創することが重要です。

　従来のように顧客のニーズを満たすことでビジネスを伸長して

図2-8｜マーケティングの変化

	今まで	これから
顧客のニーズ	機能性、価格、特典	＋持続可能な社会の創造
顧客の役割	購入者	共創者
マーケティングの目的	売り上げ／利益の最大化	＋持続可能な社会の創造
サステナビリティ	CSR	商品の特徴／価値
マーケティングミックス	4P	4Px 5P
マーケット	市場	ラウンドテーブル
商品の価値	役に立つもの／便利なもの	意義のあるもの

きた企業は、新たな顧客のニーズである「地球の保全」課題に取り組むことを経営、マーケティングの目的にする必要があります。これらの活動は前出の弊社調査からも明らかなように、売り上げの向上につながり、さらには企業の持続可能性にもつながるのです。

　脱炭素化社会の実現に向けては、前述したように、企業と顧客の共創が不可欠です。ここでいう共創とは、共通の目的、地球の保全のために、相互に取り組むということです。企業の取り組みとは、経営方針を脱炭素化にシフトすることです。そして顧客は、チャレンジする企業の商品を購買したり、知人に紹介、推奨したりすることで、企業の脱炭素化を支援することになります。

　この共創活動のためには、企業は自社の取り組みを積極的に顧客と共有する必要があります。従来のCSRでは一部の関係者のみに共有されるだけでした。それに対してこの共創は、自社の取り組みをより積極的に自社顧客、生活者、社会に知ってもらい、なおかつ、共感してもらうことが重要になります。

　共感は売り上げにもつながります。弊社調査でもわかったように、気候危機問題の解決やSDGs達成は生活者のニーズであり、だから

こそ問題解決にコミットしている企業の商品やサービスが選択される傾向にあります。すなわち、マーケティングの目的である売り上げにもつながるわけです。

　ハーバード大学経営大学院教授マイケル・ポーターは2006年に、このような社会課題解決とビジネス成長の両方を達成する経営戦略を「Creating Shared Value」(CSV：共有価値の創造)と呼び、CSRとの違いを明確にしました(図2-9参照)。

SDGsマーケティングマトリクス

　マーケティングを行うにあたっては、言うまでもなくフレーム

図2-9 | CSRとCSVの違い

CSR	CSV
Corporate Social Responsibility	Creating Shared Value
価値は「善行」	価値はコストと比較した経済的便益と社会的便益
シチズンシップ、フィランソロピー、持続可能性	企業と地域社会が共同で価値を創出
任意、あるいは外圧によって	競争に不可欠
利益の最大化とは別物	利益の最大化に不可欠
テーマは、外部の報告書や個人の嗜好によって決まる	テーマは企業ごとに異なり、内発的である
企業の業績やCSR予算の制限を受ける	企業の予算全体を再編する
例えば、フェアトレードで購入する	例えば、調達方法を変えることで品質と収穫量を向上させる

出典：マイケル・E・ポーター／マーク・R・クラマー「共通価値の戦略」ハーバード・ビジネス・レビュー2011.6

ワークの活用が効率的、かつ効果的です。従来のマーケティングに
おいて最も有名なフレームワークは、「マーケティング4P」でしょう。
これは商品やサービスを4つの要素、すなわちProduct（製品）、Price
（価格）、Placement（流通）、Promotion（販売促進）から分析し、それぞれ
に関する活動を最適化するためのフレームワークです。マーケティ
ング4Pの概念が発表された後にも、多くのフレームワークや概念
が登場しています。ですが、いまだに基本的なものとして活用され
ています。

　しかし、前述のように生活者のニーズや価値観が大きく変わっ
てきています。また、脱炭素社会におけるゲームのルールの変化も、
マーケティング4Pのそれぞれの要素に、大きく影響してきます。言
い換えると、これまでどおりのマーケティングでは通用しない時代
が来ているのです。基本とされてきたマーケティング4Pにも、アッ
プデートが必要です。

　図2-10の「SDGs Marketing Matrix」[*2]は、そうした顧客ニーズや社
会の変化に応じるための、新しい時代のマーケティングに活用でき
るフレームワークです。いわば、マーケティングのアップデートを
はかるためのツールです。

　マーケティング4Pに、SDGsを組み込んでいることが大きな特徴
です。縦軸にマーケティング4P、横軸にはSDGsの元になった5Pの
各要素を据え、マトリクス化したものです。

　SDGsの5Pとは、2015年に国連で採択された「我々の世界を変革
する：持続可能な開発のための2030アジェンダ」で示された、持続
可能な開発のための基軸です（図2-11参照）。SDGsの17の開発目標を
達成するための基本原則ともいえるもので、いわばSDGsの土台と
なる要素です。

図2-10 | SDGs Marketing Matrix

	People	Planet	Peace	Prosperity	Partnership
SDGs	1,2,3,4,5,6	12,13,14,15	16	7,8,9,10,11	17
Product	人を犠牲にしない製造/商品	二酸化炭素を排出しない製造、環境に配慮した素材で作られた商品	平和を実現する商品/ものつくり	心豊かな商品/ものつくり	パートナーと共創する商品/ものつくり
Price	平等な権利を守る価格設定	環境に負荷をかけない価格設定	平和を促進する価格設定	豊かさに貢献する価格設定	パートナーも公正な対価を得る価格設定
Placement	人に負担のない流通システム	環境に負荷をかけない、二酸化炭素を排出しない流通システム	地域の文化を尊重する流通システム	パートナーの心豊かな生活を生み出す流通システム	パートナーと共創できる流通システム
Promotion	共感性の高いコミュニケーションの創造	環境に優しいコミュニケーションの創造	差別や争いのないコミュニケーションの創造	心豊かなコミュニケーションの創造	パートナーと共創するコミュニケーションの創造

SDGs Marketing Matrix © M.Mizuno and Y. Hara

1. People（人間）

　我々は、あらゆる形態及び側面において貧困と飢餓に終止符を打ち、全ての人間が尊厳と平等の下に、そして健康な環境の下に、その持てる潜在能力を発揮することができることを確保することを決意する。

2. Planet（地球）

　我々は、地球が現在及び将来の世代の需要を支えることができるように、持続可能な消費及び生産、天然資源の持続可能な管理並びに気候変動に関する緊急の行動をとることを含めて、地球を破壊から守ることを決意する。

3. Peace（平和）

　我々は、恐怖及び暴力から自由であり、平和的、公正かつ包摂的な社会を育んでいくことを決意する。平和なくしては持続

図2-11 | 5つのP

出典：国際連合広報センター「SDGsを広めたい・教えたい方のための「虎の巻」」
（https://www.unic.or.jp/files/UNDPI_SDG_0707.pptx）

可能な開発はあり得ず、持続可能な開発なくして平和もあり得ない。

4. Prosperity（繁栄）

我々は、全ての人間が豊かで満たされた生活を享受することができること、また、経済的、社会的及び技術的な進歩が自然との調和のうちに生じることを確保することを決意する。

5. Partnership（パートナーシップ）

我々は、強化された地球規模の連帯の精神に基づき、最も貧しく最も脆弱な人々の必要に特別の焦点をあて、全ての国、全てのステークホルダー及び全ての人の参加を得て、再活性化された「持続可能な開発のためのグローバル・パートナーシップ」を通じてこのアジェンダを実施するに必要とされる手段を動員することを決意する。

出典：2015年国際連合、外務省仮訳「我々の世界を変革する：持続可能な開発のための2030アジェンダ」前文（https://www.mofa.go.jp/mofaj/files/000101402.pdf）

　SDGsの目標は、この5つの「P」を17に分類したものです。

　図2-10の「SDGs Marketing Matrix」は、自社が目標とするSDGsの目標とマーケティングを、4Pの要素それぞれにおいてどのように行うべきかの指針になります。このマトリクスを活用することで、これからの時代に呼応したマーケティングへの変革を実現できることでしょう。マーケティングの変革において最も重要な点は、生産者と生活者の共創を促進することです。このことこそが、脱炭素時代のマーケティングには必要なのです。そうした視点からマーケティングを見つめ直すと、脱炭素化社会の実現を筆頭に、持続可能

な社会と環境を目指すSDGsの目標が、いかにビジネスの目標としても活用できるのか、実感していただけると思います。

　例えばSDGsの目標12は「つくる責任 つかう責任」を謳っています。まさに、生産者と生活者の両者が責任ある消費活動を行うことを、明確な目標としているのです。

　さらにSDGsは、17の目標を実践につなげるため、各目標から細分化された、より具体的な内容の全169のターゲットを設けています。目標12のターゲットには次のような項目を含む、全11のターゲットが設置されています。

- 大企業や多国籍企業に対し、持続可能な取り組みの導入を促し、持続可能性に関する情報を定期報告に盛り込むように推奨する。
- 廃棄物の発生防止、削減、再生利用、再利用により、廃棄物の発生を大幅に削減する。
- 小売・消費レベルにおける世界全体の一人当たりの食料の廃棄を半減させ、収穫後損失などの生産・サプライチェーンにおける食品ロスを減少させる。

　こうした目標は、生産者だけの取り組みでも、生活者だけが取り組んでも達成することはできません。両者の共創が必要です。相互の協力のもとで初めて、その実現の可能性が見えてくるものです。マーケティングはこの共創を促進し、両者の共創関係を構築し、強固にするための重要な経営手段と言えるのです。

第2章 引用・参照リスト

*1 株式会社メンバーズ コラム「生活者の気候変動への意識は高まり本質的な行動へ移行、企業はニーズを踏まえたコミュニケーションが求められる〜気候変動問題・SDGsに関する生活者意識調査(CSVサーベイ2021年 春)」(https://blog.members.co.jp/article/45839)
*2 株式会社メンバーズ 公式サイト「CSV戦略コンサルティング・CSV型プロモーション実行支援 戦略立案におけるアプローチ (1)：SDGsとビジネスのフレームワークを用いた、目指すべき姿の創造」(https://www.members.co.jp/services/csv.html)

第 **3** 章

「脱炭素DX」で
ピンチをチャンスに

03

Chapter

デジタルリテラシーを高めるべきは「経営者」

　第1章でも述べましたが、弊社では脱炭素DXをこう定義しています。

　「企業がDXを通じて持続可能なビジネス成長と脱炭素社会創造を同時に実現すること」

　「脱炭素」と「DX」は菅政権の政策でも最も重要視されている事柄ですが、両者をそれぞれが独立したものとして捉えるべきではないと、弊社は考えています。脱炭素社会創造のためには「脱炭素DX」という一体化した概念が必要だと考えているからです。

　「脱炭素」に関しては第1章に記したとおりですが、では「DX」とはどんな概念なのでしょうか？　ここ数年DXという言葉が「バズ」っていますが、経済産業省は「DX推進ガイドライン」において、DXを以下のように定義しています。

　「企業がビジネス環境の激しい変化に対応し、データとデジタル技術を活用して、顧客や社会のニーズをもとに、製品やサービス、ビジネスモデルを変革するとともに、業務そのものや、組織、プロセス、企業文化・風土を変革し、競争上の優位性を確立すること」

　つまり変革が目的であり、DXは、そのための手段としてデータやデジタル技術を活用することとしています。しかし日本企業においては、DXの名のもとに、業務のデジタル化やツールの導入自体を目的としたケースが多く見受けられます。これには主として二つの理由があると思われます。

・ 企業の役員クラスのデジタルリテラシーが低い。技術だけでなく、いかにデジタルをビジネスに活用するかの知識、経験が乏しい。

- ゆえにツールベンダーや大手システム開発企業の主導になり、肝心な目的が希薄になっている。

　欧米では、経営におけるデジタルリテラシーは非常に重要視されており、経営者自身もコミットメントしています。投資額も多額になっています。一方、日本におけるDXは、投資というよりもコスト的な位置付けで、多くの場合、外部ベンダーに丸投げの状態と言わざるを得ません。

　ここであえて繰り返します。DXは手段であり、手段とは目的達成のためにあるのです。すなわち、企業がなぜ変革しなければならないのか、何を変革するのか、どう変革するのか？　それを自社自身に問うことが重要なのです。

トヨタ、味の素、ANA……。それぞれの意識変革

　DXを実施する上で求められているのは、改善ではなく変革です。もちろん企業活動にとって、コスト削減のためのデジタル推進は重要です。しかしそれは、あくまでも改善です。例えば承認のための押印をデジタル化するなど、通常のプロセスをデジタル化すること。こうした取り組みにより業務効率が改善したことを、変革と捉えている企業もあるかもしれません。しかし当然のことながら本質的な変革ではありません。

　ではなぜ、企業は変革しなければならないのでしょうか。この問いに対する本書の答えは、次のとおりです。

　脱炭素に向け世界が大きく動く中、脱炭素化はビジネスにおける大きなゲームチェンジであり、産業革命以来のビジネス機会でもあ

る。新しいゲーム（CO$_2$排出やエネルギーを削減しながら企業と地球を持続可能にする）のルールに則った企業文化、ビジネスモデル、人材育成、システムが必要であり、企業にとっては大きな変革であり、この新ルールのもとでのゲームをすることこそが企業の持続可能性につながる。

　同様の考えのもと、欧米では多くの企業がすでに積極的に新ルールによるゲームを開始しています。ここのところ日本でも、新しいゲームに対応できない現状に危機感を抱き、変革を目指す企業の動きが見え始めました。例えばトヨタ自動車株式会社代表取締役社長の豊田章男氏は、2020年12月の日本自動車工業会記者会見において、次のような発言をしています。

　「このままでは、（自動車産業界において）最大で100万人の雇用と、15兆円もの貿易黒字が失われることになりかねない」

　また、味の素株式会社の取締役　代表執行役副社長　CDOである福士博司氏は、弊社のセミナーにおいて、ビジネス変革とそれに伴うDXの必要性を、次のように明言しています。

　「DXとは社会のデジタル変容のことをいい、現在ビジネス環境にも変容の大きな波が訪れている。この波に飲み込まれるか、うまく乗っかれるかで企業の成長性が大きく変わるだろう。日本国、日本企業は、DXが大きく遅れていると指摘されている今こそDXを始める（おそらく最後の）チャンス」

　こうした流れの中で、弊社がパートナーとしてDXを支援しているANAグループも、この新たなゲームのルールを意識した事業変革を開始しました。

　航空業界はこの脱炭素社会では大きな課題を課せられています。

ANAグループでは2050年末までにCO_2排出量実質ゼロを宣言し、この目標達成に向けて取り組みを進めています。CO_2排出量の削減に向けては、燃費のよい新型機材への切り替えを進めるほか、食品廃棄物や工場の排気ガス対策、石油以外の原料で作られたジェット燃料の導入なども進めています（ANAグループ公式サイト「環境目標と情報開示」参照）[*1]。

その一方、新たに航空事業以外の事業への取り組みを加速させています。そのために、次にご紹介する同社のプレスリリースに示されているような、大規模な事業再編も実施されました。

「ANAグループは、ビジネスモデルの変革によって非航空収入を拡大すべく、ANA X株式会社とANAセールス株式会社の事業を再編し、プラットフォーム事業会社『ANA X株式会社』と、地域創生事業会社『ANAあきんど株式会社』として、2021年4月1日から新たなスタートをきります」（出典：2021年3月26日ANAホールディングス プレスリリース）[*2]

こうした事業変革の目的について、ANAグループのプラットフォーム事業を担うANA X社の代表取締役社長の井上慎一氏は、次のように述べています。

「2016年にスタートした私たちANA Xは、ANAマイレージクラブという会員基盤をベースに、デジタルマーケティングの知見を蓄積してきました。また、アプリやウェブサイトといったデジタルチャネルを強化し、ANA Payといった新たなサービスもスタートさせ、プラットフォームへの基盤作りを推進してきました。

そしてこのたび、昨今の大きな環境変化に対応して、プラットフォーム事業会社へと進化致します。

新生ANA Xが目指すお客様価値は「マイルで生活できる世界」です。そのためにこれまで事業の中心に据えていた「航空」・「旅行」と

いう「非日常」の世界に加え、「日常」の世界を大きく広げて参ります。そしてお客様の人生という「旅」に寄り添い、豊かな彩りを添える存在になりたいと思います」（出典：ANA X トップメッセージ）[*3]

　この変革にあたり、DXが推進力となっていることは、ANAホールディングスがリリースしているANAグループのDXへ向けた取り組みを見ればおわかりいただけることでしょう。

　ANA X社でDXを推進する同社の執行役員の山本裕規氏は、弊社主催のセミナーで、以下のように語っています。

　「ANAグループでは『2030年中期環境目標』で具体的な目標値を定め、脱炭素経営を目指しており、航空事業においてはCO_2削減効果のある代替燃料の利用促進、省燃料機材導入拡大により、2050年にはCO_2排出量実質ゼロ目標を掲げています。

　その一方ANA Xでは非航空事業、言い換えれば非炭素事業にも力を入れ、資産であるANAマイレージ会員やそのデータを基盤にしたデジタル・プラットフォーム事業に注力し、強化していきます。

　これは長年航空事業を主体に企業活動を行ってきた弊社にとってはとても大きな変革で、まさに脱炭素DXと言えます」

　新たなルールに基づくゲームは、日本においてもすでに始まっているのです。

デカップリング実現の指標「炭素生産性」

　脱炭素時代を生き抜くためには、従来の経営モデルからの大きな変革が求められるわけですが、変革のためには第1章で述べたCO_2の排出量を抑えながら経済成長を促す「デカップリング」経済モデルを目指す必要があります。

　ではデカップリング・モデルを進めるにあたっては、どんな風に

図3-1│ANAのDXへ向けた取り組み

DX戦略	DXによりANAグループの新しいビジネス・モデル変革を実現していきます。 **①エアライン・ビジネスの変革** デジタル技術を活用した、お客様一人ひとりに合わせたサービスの推進と、業務の効率化による生産性向上を実現し、アフターコロナにおいても継続的に収益を生み出すことができる成長モデルを実現していきます。 **②グループ事業におけるビジネス・モデルの変革** 当社グループが蓄積してきた顧客データとANAアプリやホームページ等のデジタルタッチポイントを活用したプラットフォーム・ビジネスを具現化し、「マイルで生活できる世界」の創造を推進していきます。
DXを支える仕組み	経営企画部門とDX部門が両輪となって、現場部門との連携を強化することで、ニーズやアイデアを収集し、素早く実現する仕組みを整備しています。 **①DXを進める体制・組織の構築** **②DX予算・プロセスの整備** **③産学官連携などの外部組織との関係構築・協業によるオープンイノベーションの推進** **④イノベーションマインド醸成のための風土変革・啓蒙** **⑤DXのためのIT環境整備**

出典：2021年4月6日ANAホールディングスリリース「経済産業省が定める『DX認定事業者』に選定」（https://www.anahd.co.jp/group/pr/202104/20210406.html）

目標を設定し取り組んだらよいのでしょうか。その指標となる「炭素生産性」という考え方について見ていきます。

「炭素生産性」とは、GDPや企業・産業が生み出す付加価値を、CO_2排出量で割った数値として示されるものです。例えば、「100」の付加価値を生み出すのに必要なCO_2の排出量が「200」であれば炭素生産性は「0.5」と低く、「50」であれば炭素生産性は「2」と高くなります。

従来の経済モデルによる事業は、大量のものを作って販売することで、ビジネスを成長させてきました。大量のものを作るためには

図3-2 | デカップリング・モデル

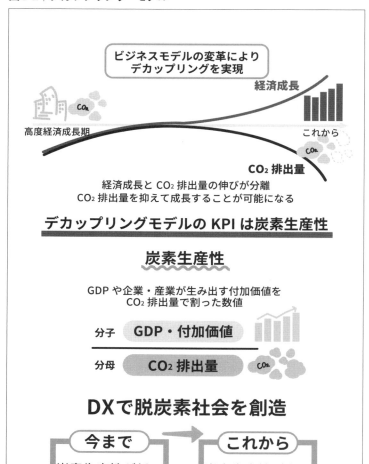

ビジネスモデルの変革により
デカップリングを実現

経済成長

高度経済成長期　　　　　　　　　　これから

CO_2 排出量

経済成長と CO_2 排出量の伸びが分離
CO_2 排出量を抑えて成長することが可能になる

デカップリングモデルの KPI は炭素生産性

炭素生産性

GDP や企業・産業が生み出す付加価値を
CO_2 排出量で割った数値

分子　**GDP・付加価値**

分母　**CO_2 排出量**

DXで脱炭素社会を創造

今まで　→　**これから**

炭素生産性が低い
ビジネスモデル

炭素生産性が高い
ビジネスモデル

図3-3｜企業にはビジネスモデルの変革が求められる

企業にはビジネスモデルの変革が求められる！

モノからサービスへ

モノを売る
（CO$_2$排出量多）

サービスを売る
（CO$_2$排出量少）

サプライチェーンの再エネ・省エネ化
生産から使用、再利用までの低炭素化

このビジネスモデルの成功には
脱炭素のためのDXが欠かせない。

大量の化石由来エネルギー消費を伴い、それゆえCO_2排出量も大量になります。つまり、これまでの主流であった事業モデルは、炭素生産性が低くなるのです。

しかしこれからのゲームのルールに乗っ取れば、分母であるCO_2排出量を減らさなければなりません。その上でビジネス成長を続けるためには、付加価値が必要です。つまり、CO_2排出量と付加価値の大きさが反比例すればするほど、炭素生産性は高くなります。

これから求められているのは、まぎれもなく炭素生産性の高い企業、事業です。一見すると不可能のように思えるかもしれませんが、実際に炭素生産性を高めることに成功している国や企業が幾つもあり、新しいゲームのルールで主導権を取ろうとしています。

炭素生産性の高いモデルへの変革には、デジタル技術の本格的な活用が不可欠です。そして、デジタル技術の活用によって変革を成し得るためには、デジタル技術に対する出費を改善のための「コスト」ではなく、変革のための「投資」と考える視点も重要です。

炭素生産性を高めるには、具体的にはどうしたら良いのでしょうか? シンプルに言うと、分母であるCO_2排出量を減らし、分子である付加価値を高めることです。では、分母と分子、それぞれの領域について、どんな取り組みができるのでしょうか。それぞれの領域について、ここで整理しておきます。

■ 分母を減らす

分母であるCO_2排出量を減らす領域としては下記が挙げられます。

エネルギー・シフト（エネルギーの脱炭素化）

商品の生産に使うエネルギーについて、CO_2を排出しない自然エ

図3-4 | 炭素生産性を高めるには

炭素生産性を高めるには

分子を増やす　付加価値を高める

生産性向上	顧客の共感・共創	モノからコトへのシフト （非物質化、サービス化）
プロセス・ デジタライゼーション	**カスタマー・ エンゲージメント**	**サステナブル・ サービス・デザイン**
業務プロセスのデジタル化	エンゲージメント・ マーケティング	サービス・デザイン

分母を減らす　CO₂排出量を減らす

サプライチェーンにおける CO_2 排出量を削減

エネルギー・シフト
自然エネルギーの採用と
エネルギー消費量の抑制

ロジスティックス・シフト
非炭素エネルギー利用の運送
配送の効率化

**マニュファクチャリング・
プロセス・シフト**
製造過程での省エネ推進
CO_2 排出の抑制

**サーキュラー・
シフト**
不要になったものを回収し、
再度資材として活用

パーパス経営と文化醸成が土台

ネルギーの採用とエネルギー消費量の抑制。

ロジスティックス・シフト

　商品の配送時に非炭素エネルギー利用の運送利用、配送の効率化。

マニュファクチャリング・プロセス・シフト

　製造過程での省エネ推進、CO_2排出を抑制。

サーキュラー・シフト

　不要になったものを回収し、再度資材として活用すること。

　第1章で書いたように欧州ではこの流れが進み、サーキュラーエコノミーと呼ばれる新しい資源循環型経済モデルとして確立しつつあります。このルールを遵守するための法的な規制も、施行し始めています。こうした取り組みを行うためには、現状で自社がどのくらいCO_2を排出しているのかを算定する必要があります。環境省が、その算定のためのガイドライン「サプライチェーン排出量算定の考え方」を発表しています[*4]。

■ 分子を増やす

　分母を減らすには比較的大きな投資や変革を必要としますが、分子を増やす、すなわち付加価値を高めることは、すぐにでも着手が可能な領域だと考えます。

プロセス・デジタライゼーション（業務プロセスのデジタル化）

　コロナ禍ということもあり、もはやこちらを考えない企業はいないと言えますが、多くの場合過去のシステム遺産やビジネス慣習、そし

て推進の仕方が旧来のままなので、スピード感、刷新感がなく、むしろ業務を複雑化してしまっている場合もあります。官公庁がFAXをやめられないなどはその最たるものだと思われます。多くの関係者の意見を取り入れすぎると中庸なものとなってしまい、変革には程遠いものになりがちです。変革という意識を関係者全員が持ち、未来志向で解決手段を選び、デジタライズすることが重要です。

カスタマー・エンゲージメント（顧客との共感・共創）

　社会の脱炭素化は顧客の関心事でもあり、共通のゴールです（弊社サーベイ参照）。目標達成に向けては、脱炭素化に伴い多大な投資をして作った商品やサービスを顧客に購入してもらったり、使用済み商品の回収時の協力を依頼したりすることになります。そのためには自社の商品や取り組みをしっかりと伝え、顧客に共感してもらえるマーケティング・コミュニケーションが重要になります。

サステナブル・サービス・デザイン

　モノ作りの重要性はもさることながら、そのモノをいかにサービスに落とし込むかが重要です。ここ数年採用され出したサブスクリプション・モデルだけでなく、モノを作らないサービスを創造することをも意味しています。

　例えば前述したANAグループは、航空事業におけるCO_2の排出量を減らすため、脱炭素エネルギー開発や移行、機体の軽量化、紙媒体による機内誌の発行を停止してデジタルに移行する……などに取り組んでいます。いわゆる分母の領域にあたる取り組みです。

　その一方、分子の領域では、非航空事業における非物質化サービスの展開を行ったり、発券／搭乗プロセスの完全デジタル化によるオペレーションコストの削減などを実現しています。

　こうした炭素生産性の向上に向けた活動は、それぞれが密接に関連しています。分母と分子をそれぞれ単独の領域として捉え、個々に取り組むよりも、相互関連性を認識しながら進めた方が、効果的な取り組みを実現できるのです。

　分母を減らすためには多大な投資がかかります。その投資の回収をするためには、その意義に対して顧客に共感してもらい、地球をサステナブルな環境にするための活動として顧客と共創していくことが必要になります。すなわち分母を減らす活動を持続可能にするには、商品やサービスを買ってもらったり、資材の循環に協力してもらったりすることなどが必須なのです。SDGsの目標12「つくる責任 つかう責任」は、まさにこうした企業と顧客の共創をテーマとした目標です。

　このように、顧客の共感を得られるような付加価値の創造は分子の領域の活動であり、主にマーケティングの役割になります。マーケティングは商品の売り上げを持続可能にする手段であり、商品、ひいては企業の価値を顧客にしっかりと伝える役割も持っています。安さ、機能の多さ、特典の多さといった単なる購入メリットや競合との比較ばかりでなく、これからは顧客との共創を促す役割も担っていくと考えます。

炭素生産性を高めるヒント

　では、炭素生産性を高める7つの要素をビジネスでどのように実現したらよいのでしょうか。実際の技術やノウハウも重要ではありますが、まずは自社のビジネスでできそうなことは何か、アイデアを得るところがスタートです。アイデアなしに、技術の活用などできようはずがないからです。

　そうした事業アイデアを生み出すヒントとなる事例を「IDEAS

FOR GOOD」[*5]の掲載記事からみていきましょう。

　「IDEAS FOR GOOD」は、ハーチ株式会社が運営しているウェブマガジンです。コンセプトは、「社会をもっとよくするアイデアを集めた、世界を大きく変える可能性を秘めた最先端のテクノロジーから、人々の心を動かす広告やデザインにいたるまで、世界中に散らばる素敵なアイデアを届ける」。社会課題を解決するための事例が、豊富に掲載されています。

　ここでは、同ウェブマガジンに掲載されている14記事のダイジェストとそのポイントを、炭素生産性を高める7つの要素に沿ってご紹介します。

01 エネルギー・シフト
「再生可能エネルギーにシフトする」

充電が不要な時代へ。タンパク質と空気から電気を作るデバイスを米大学が開発

アメリカ、マサチューセッツ大学アマースト校「Air-gen」

元記事取材日：2020年3月

概要　米マサチューセッツ大学アマースト校が、自然のタンパク質と空気から電気を作るエコなデバイスを開発した。この画期的なデバイス「Air-gen」は、細菌が作り出すタンパク質と空気から電気を作る発電機。無害で再生可能で低コストであることに加え、サハラ砂漠など湿度が非常に低い地域でも発電できるのが特徴だ。次のステップは健康や運動監視、スマートウォッチといった電子ウェアラブルデバイスを駆動する小さなAir-gen「パッチ」の開発。成功すると従来のバッテリーが不要になり、毎日の生活がますます便利になる。

注目ポイント　太陽光や風力、水素などさまざまなクリーンエネルギーが注目されている中で、新たな選択肢になるかもしれない技術。実用化されれば「送電」も「充電」も不要になり、その活用範囲は大きいでしょう。

Chapter

03

ソーラーパネルで舗装する。ハンガリーからはじまるサステナブルな都市の未来

ハンガリー、Platio社「Platio」

元記事取材日：2017年8月

概要　Platioが開発したのは、特別な土台を必要とせず屋根や歩道、壁、ベンチやデッキなど都市のいたるところに簡単に設置できる、リサイクルプラスチックを用いたモジュール型ソーラー舗装パネルだ。パネルを通じて日中に発電された電力は送電網とは独立しており、エネルギー貯蔵ユニットに蓄えられるか、舗装パネルに組み込まれたシステムや電灯、信号機などエネルギーを消費する道路インフラの電力として使用される。

注目ポイント　太陽光発電のための土地利用に関してはさまざまな議論があります。このパネルは道路に埋めるタイプのもの。街中での発電を行うための一つの解決策になるのではないでしょうか。

02 ロジスティックス・シフト
非炭素エネルギー利用での運送、配送の効率化、
流通での資源利用削減

包装ゼロ。レジ袋なし。必要な分だけ買える、サステナブルな食品流通システム「MIWA」

チェコ、Arancia Europa「MIWA」

元記事取材日：2017年11月（概要文修正：2021年6月）

概要　食品流通システム「MIWA」は、流通から販売に至るまでの包装廃棄を未然に防ぐ仕組みだ。製造元で密閉容器に入れられた商品はMIWAのシステムがある小売店の一角に置かれ、ユーザーはMIWAの再利用可能なIoTカップでその商品の量を測って購入し、カップのまま持ち帰る。購入した商品についてはアプリで内容を確認できる。購買データによりMIWAのシステムの循環のループが完全に閉じる仕組み作りにも貢献している。

注目ポイント　リサイクルできる容器の開発などが進められていますが、そもそも容器を使わないという発想のサービスです。商品の情報は店頭のディスプレイや消費者のアプリ上に表示することで、デジタル活用によって容器を減らすことができます。食材そのものも消費者が欲しい分だけ購入できるため、食品廃棄の抑制につながります。

第3章 「脱炭素DX」でピンチをチャンスに

樽のシェアでコストもCO₂も削減。クラフトビール業界の救世主「レン樽」

日本、Best Beer Japan社「レン樽」

元記事取材日：2019年11月

概要　ビールとITをかけあわせた東京発のビール樽のシェアリングサービス「レン樽」。本来醸造所とビールバーを行き来する樽は醸造所が所有しており、空になった樽を醸造所に送り返すことになるが、その樽をレン樽が提供し、回収することで送り返す必要がなくなる。つまり各所からの空の樽の輸送を省き、輸送コスト削減に貢献するのだ。さらに、使い方次第では何十年と使える軽量な樽を採用することにより、環境負荷軽減を狙っている。（写真はBest Beer Japan CEO ピーター・ロゼンバーグ）

注目ポイント　クラフトビール醸造所や飲食店の容器輸送・管理コストを抑えながらも、容器の往復をなくすことで輸送でのCO_2排出削減を両立しています。また容器の回収依頼は二次元コードを読取ることで可能となっており、一般に広がっているテクノロジーを使っている点も普及しやすいと言えます。

075

03 マニュファクチャリング・プロセス・シフト
「製造過程での省エネ推進、CO_2排出を抑制」

CO_2を回収してシャンプーボトルに。ロレアルのカーボンリサイクル

フランス、ロレアル

元記事取材日：2020年11月（概要文修正：2021年6月）

概要　フランスの化粧品会社大手・ロレアルは、アメリカやフランスの企業と協働し、CO_2を原料とする世界初の化粧品用プラスチック容器を発表。まず、産業排出の炭素ガスを回収し、独自の生物学的プロセスを使用してエタノールに変換。次に革新的な脱水プロセスでエタノールをエチレンに変換し、化石由来と同じ技術的特性を持つポリエチレンを製造する。最後にロレアルが、このポリエチレンを使用して、従来のポリエチレンと同じ品質と特性を持つ容器を製造するという仕組みだ。

注目ポイント　脱炭素を実現したモノ作りというと従来のものと同じものを作ることは難しいようにも感じますが、ロレアルの取り組みでは従来のポリエチレンと同じ品質・特性の物を作ることができています。2024年から商品に使用される予定です。CO_2を削減するのではなく、原材料としてリサイクルしている点もインパクトが大きいと言えるでしょう。

リジェネラティブ農業に取り組む農家が、カーボンクレジットを販売できるサイト「CIBO Impact」

アメリカ、CIBO社「CIBO Impact」

元記事取材日：2020年11月

概要　リジェネラティブ農業に取り組む農家が、これまでのCO_2排出削減量を取引可能な形態にしたカーボンクレジットを生成し、販売できるオンラインプラットフォーム「CIBO Impact」。カーボンオフセットに取り組みたい組織や個人が、農家から直接カーボンクレジットを購入できる取引市場を提供している。農家は自分の土地を同サービスに登録し、CIBOはその土地におけるCO_2排出量の削減および炭素隔離の成果を数値化する。

注目ポイント　カーボンオフセットのためのプラットフォームの活用も、脱炭素化に貢献できる一つの手法です。アメリカの農家の64%が取り組んでいる、リジェネラティブ農業をさらに拡大するビジネスモデルではないでしょうか。また農家が持続可能な農法を実践しているか、人工衛星などによる観測などを通じて確認もしており、デジタルテクノロジーを駆使して実現している点でも注目に値します。

04 サーキュラー・シフト
不要品を回収し再度資源として活用、廃棄削減

容器の所有権をメーカーが取り戻す。サーキュラーエコノミーのプラットフォーム「Loop」の挑戦

アメリカ、TerraCycle社「Loop」

元記事取材日：2019年7月（概要文修正：2021年6月）

概要　米テラサイクル社が立ち上げた、世界初となる循環型のショッピングプラットフォーム。一般消費財や食品の使い捨て容器に着目し、繰り返し利用可能な耐久性の高い素材に変えた。日本ではイオンとLoop ECサイトで販売する（21年6月現在）。購入者から使用済み容器を回収し、洗浄、再充填した上でリユースをし、メーカーは各ブランドのパッケージを優れたデザインと機能を備えたものへと進化させることができる。さらに繰り返し使うことで長期的にはコスト削減が期待できる。

注目ポイント　安く耐久性の低い容器をコストをかけてリサイクルするのではなく、牛乳配達と同じ仕組みで、捨てずにリユースできる容器で商品を提供するサービス。商品を届けてもらえ、容器も使いやすいという、消費者の利便性とサステナブルを両立したサービスである点が優れたビジネスモデルとなっています。

ブロックチェーンとAIで廃棄物をマッチングするアムステルダムのスタートアップ

オランダ、Excess Materials Exchange社 「Resources Passport」

元記事取材日：2020年3月

概要　廃棄物を出す企業とそれを資源として活用したい企業を結びつけるデジタルマッチングプラットフォームをAIとブロックチェーンを駆使して開発しているアムステルダムのスタートアップ「Excess Materials Exchange」。製品のデザイン、製造、使用・修理、リサイクルの一連のライフサイクルにおける素材データを複数のステークホルダーから収集するResources Passportは同社のコアとなるアイデアだ。

注目ポイント　ブロックチェーン技術で素材に関する情報を透明化しつつ機密性も担保しています。かつ、AIで積極的なマッチングを行い、素材の比較を可能にするという、循環型のモノ作りをテクノロジーで実現しようとしている実例です。

05 プロセス・デジタライゼーション
業務プロセスのデジタル化による生産性の向上

**在庫問題の解消で、事業も社会もサステナブルに。
「小売業の常識」を変える在庫管理クラウドサービス
とは？** 日本、フルカイテン株式会社「FULL KAITEN」

元記事取材日：2020年10月

概要 フルカイテン社は、クラウドサービスを通じて小売業界の在庫過多の問題にアプローチしている。このサービスは、事業者がクラウドに提供するさまざまなデータに基づき、自動的に在庫状況を分析し、在庫問題解消のための施策を提案してくれるというものだ。テクノロジーとAIにより、売れ筋や在庫状況、客単価を詳しく分析し、過剰在庫の取り扱いや各商品の推奨発注数を自動ではじき出してくれるのが特徴だ。

注目ポイント 日本のアパレル業界では供給数が増加し価格は年々安くなり、大量生産・大量消費が進んでいます。100％の需要予測は難しいため、今ある在庫を活かしながら少しずつ発注を行うという発想と、小ロット高頻度の発注をテクノロジーで可能にし、大量生産・廃棄リスクの低減に貢献しているサービスです。

情報の力で食品ロス削減。食堂のメニューを事前予約できる、フランス発のアプリ

フランス、デニス・オリバー社「Meal Canteen」

元記事取材日：2020年4月

概要　フランスのスタートアップが開発した「Meal Canteen」は、食堂を利用するユーザーがメニューを事前予約しておくことで食料廃棄抑制に貢献できるアプリである。食堂側は、ユーザーが予約した情報に基づき、実際に買い手がいる量だけを調理するため、無駄な食品ロスが発生しない。買い手側も、予約機能によって売り切れを心配する必要がない。さらに、アプリからメニューに対するコメントもできるため、メニューの改善をはかり、食べ残しを減らすことにもつながっている。

注目ポイント　テクノロジーが可能にした情報共有によって、店舗は需要予測がしやすくなり生産性も上がります。また、ユーザーも原材料やアレルギー物質等をアプリ上で確認でき、店舗の生産性とユーザーの利便性、廃棄削減を、同時に叶えることができている点に注目です。

06 カスタマー・エンゲージメント
顧客との共感・共創

**世界一履きやすいスニーカーブランド「Allbirds」に
学ぶ、愛されるサステナビリティ**

アメリカ、Allbirds社「Allbirds」

元記事取材日：2020年7月

概要　サステナブルでありながら、世界一快適と言われている
シューズブランド「Allbirds（オールバーズ）」が東京・原宿に日本1号店
をオープンした。内装は地域の特性が活かされており、原宿店は旧
駅舎の木のイメージからインスピレーションを受けている。ゆくゆく
はカーボンフットプリントゼロのシューズ開発を試みる。今後は原宿
の店舗を起点に東京のローカルコミュニティも促進していく予定だ。

注目ポイント　第2章でもご紹介しましたが、店内には商品ごとに
カーボンフットプリントが表記され、消費者が購入基準にできるよ
うになっています。購入時のレシートはメールで届け、ショッピン
グバッグを使わず靴箱にそのまま紐をつけて提供するなど、サステ
ナビリティを徹底的に追求。自社サイト上でカーボンフットプリン
ト計測キットを無料で配布するなど、積極的に行動している点が支
持されている企業です。

無理のないサステナブルな都市生活をサポートする。slowzのマップ型ポータルアプリ

日本、株式会社NoMaDoS「slowz」

元記事取材日：2020年12月（概要文修正：2021年6月）

都市生活を
サステナブルに
スイッチ

※現在、WEBアプリへの移行を進めており、サステナブルライフスタイルプラットフォームとしてアップデート予定

概要　都市でのサステナブルな暮らしを応援するマップ型アプリ「slowz」。ジャンルごとに地域のサステナブルな店舗を検索できる機能、各店舗の営業時間やサステナブルなポイントをまとめた情報閲覧機能、そして検索した店舗の情報を保存できる機能が備えられている。「社会や自然に良いだけじゃなく、自分の生活に心地よさを持てる」という価値を重要視し、サステナビリティとライフスタイルが無理なく結びつくようなカルチャーを生み出すことが大きな目的の一つだという。

注目ポイント　消費者のSDGsへの関心が高まっている中で、サステナブルな企業や店舗の情報を、日常生活の中で得られず行動できていない人々をターゲットとしたアプリです（2021年6月現在β版として渋谷エリアに限定して店舗を紹介しています）。事業側にとっても、SDGsへの貢献をユーザーに知らせることができる、有効なプラットフォームとなるかもしれません。

07 サステナブル・サービス・デザイン
デジタルによる新しい価値の創造・サービスデザイン

規格外野菜の救世主。農家と企業を直接つなぐオンラインプラットフォーム

アメリカ、Full Harvest社「Full Harvest」

元記事取材日：2019年7月

概要　農家（生産者）と企業を直接結ぶBtoBオンラインプラットフォーム。生産者が、市場に出荷できない規格外野菜や余剰農産物を企業に直接販売できる。生産者と企業、物流会社の3者をつなぐ。余剰生産物や規格外の農産物を利用する企業にとっては、調達コストを少なくすることができ、食料廃棄問題に取り組んでいることが企業ブランディングにもつながる。食料廃棄の問題を解決すると同時に、生産者・企業・消費者の3者それぞれにメリットがある画期的なサービスである。

注目ポイント　食料を作る際の水資源の無駄や、焼却の際の二酸化炭素排出につながる食料廃棄問題解決に向けた「廃棄を出さない」ためのサービスです。約4,500トンもの食料廃棄を防ぎ350万キロの二酸化炭素の排出を削減することがプラットフォーム一つで実現できています。

Chapter 03

歩くだけで発電し、デジタル通貨でショッピング。ロンドンに誕生したスマート路地

イギリス、PAVEGEN社「PAVEGEN」

元記事取材日：2017年10月

概要　イギリスの会社PAVEGENは世界で初めて、人が道を歩くときに地面に生じる荷重を電力エネルギーへと変換する装置をバードストリートの10㎡の舗装に埋め込んだ。この装置により、人々がストリートを横切るたびに発電し、そのエネルギーが日中は鳥のさえずりに、夜間は木々を照らすイルミネーションへと変わる仕組みが導入された。「歩行」という人が生まれながらにして持っている移動手段で生じるエネルギーを電力に変換するという斬新なアイデアである。

注目ポイント　注目ポイントはグリーンな電力を発電する装置というだけでなく、アプリと連動しており、装置の上を歩いたユーザーは自分が発電したエネルギー分のデジタル通貨を獲得できるという点です。その通貨で周囲の店舗での商品購入や寄付が可能となっており、地域の活性化にも貢献するアイデアです。

CO₂排出量削減に貢献する、3つの要素

「IDEAS FOR GOOD」掲載の事例からもわかるとおり、デジタルテクノロジーの重要性はあらゆる領域で高まっています。その中から、ここでは特に脱炭素DXに必須のデジタルテクノロジーについて、概要をご紹介します。個々のテクノロジー、特に技術の詳細に関しては、専門的な書籍やコンテンツに委ねるとして、本書では、なぜそのデジタルテクノロジーが必要なのかを記します。

脱炭素DXなどを通して実現し得る健全な脱炭素化社会には、3つの要素が必要だと考えます。

1. 透明性（見える化）

近い将来、炭素生産性の分母に当たる、各企業のCO₂排出量の公開が、法律で義務化されます。炭素税課税のためには正確な計測が必要となり、企業は透明性を持って自社が排出したCO₂排出量を公開しなくてはなりません。

近年、自社の都合に合わせたデータ改ざんなどの企業不祥事が報道されていますが、今後はコンプライアンスの問題にとどまらず、脱税という側面でも問題になりかねません。それゆえ、企業には今以上に倫理性が求められます。国境炭素税が施行されれば、原料調達、製造過程での環境証明書なども必要になります。

2. 共創

1章、2章でも述べたように、脱炭素化は企業に大きな負担を強いることになります。負担ばかり大きくては企業の持続可能性が担保されず、企業のモチベーションを損なう恐れもあります。また脱炭素化社会の実現は、企業の努力だけでは成り立たず、生活者や顧客との共同作業が必須です。価格の問題だったり、製品の回収だった

り、場合によっては利便性とのトレードオフも生じます。地球の持続可能性を実現するには、企業と生活者が同じ目的のために共創することが重要になるのです。

　さらに、企業間での共創も必要になります。脱炭素化は単独の企業で挑むにはとても難易度が高い目標です。関係する企業、場合によっては競合とも共創する必要が生じてくることでしょう。加えて、NGOや行政との連携、共創も必須になります。

3.　セキュリティ

　データを共創の源泉とすることで、効果的、かつ、効率的な脱炭素化社会の創造が可能になります。その一方、セキュリティの扱いに関しての重要性は高まります。強固で柔軟なセキュリティ技術、パーミッション管理、改ざん防止などに対する、さらなる取り組みが望まれます。

　紹介した「IDEAS FOR GOOD」掲載事例の実現には、さまざまなテクノロジーが採用されています。中でも、デジタル／データ関連に関しては、共創の源泉として一層の活用が見込まれます。言い換えれば、データなくして脱炭素社会の創造は困難なのです。

　脱炭素化社会を目指すデジタル／データの活用方法として、次のようなアイデアを挙げることができます。

データ／計測

- 工場での排出量計測やEVステーションでの計測、オフィスや家からの排出量の計測など、正確で信頼できる計測は、脱炭素社会では至る所で必須になります。
- 製品を長く使うために活用状況をチェックし、メンテナンスのタイミングや内容を把握し、より長く使えるように改善したり、保

守の品質精度を高めたりすることができます。

- 製造、流通プロセスにおいてデータを計測することで無駄を省き、最適配分を行うことが可能になります。

- パートナーとの共創活動に活用し、脱炭素社会における新たなバリューチェーンを構築・維持できます。例えば廃棄物の再利用、製品利用データを活用した付加価値型サービスの開発などです。

クラウド

- 共創に不可欠な環境は強固で安全なクラウド利用です。行政やパートナーとデータを相互活用し、スピーディーに開発、改善することで、前述した分子の効率を高めることができます。

ブロックチェーン

- 再エネによって作られた素材なのか、製造過程で作られたデータに不正な改ざんが行われていないか、などを明確にするためには、ブロックチェーン技術が必須です。

- 生活者にとっては、製品が本当にサステナブルな環境で作られているかどうかを判断するための、重要な情報を担保します。

AI

- 発電されたエネルギーを効率的に使うために、需給予測の精度を高めることで最適配分を可能にします。

- 販売された製品の利用データをIoTで取得することで、メンテナンスのタイミングや改善ポイントなどを分析し、製品のアップデートや効率的なメンテナンス業務を行えます。

- 廃棄された製品や素材がリユース可能かどうかを見極めることで、資源の循環サイクル効率を高めることができます。

IoT

- 今までは、モデルチェンジも含め製品の購買頻度を増やすことが、利益をあげるための重要な戦略でしたが、今後は製品ライフサイクルをなるべく長くして、顧客になるべく長く使ってもらえる製品であることが必要になります。そのためには壊れにくい製品の提供や、利用に応じて課金するサービス・モデル（Product as a Service）が増えていくでしょう。課金やメンテナンスのため、製品から情報を得られるように、IoT技術が必要になります。

このようなデジタルテクノロジーを活用して、実際に事業を拡大しているオランダのスタートアップ事例を、次ページのコラムでご紹介します。

第3章 引用・参照リスト

*1 ANAグループ公式サイト「環境目標と情報開示」(https://www.ana.co.jp/group/csr/environment/goal/)
*2 2021年3月26日ANAホールディングス プレスリリース (https://www.anahd.co.jp/group/pr/202103/20210326-4.html)
*3 ANA X トップメッセージ (https://www.ana-x.co.jp/company/message/)
*4 環境省「サプライチェーン排出量算定の考え方」(https://www.env.go.jp/earth/ondanka/supply_chain/gvc/files/tools/supply_chain_201711_all.pdf)
*5 IDEAS FOR GOOD Business Design Lab (https://bdl.ideasforgood.jp/)

「情報」さえも循環させる!
～オランダの最先端スタートアップ～

　オランダ第三の都市デン・ハーグに拠点を置くサーキュライズ社 (Circularise B.V.) は、企業のサーキュラーエコノミー移行をブロックチェーン技術によって後押しするスタートアップです。商品やサービスが顧客に提供されるまでの一連のプロセス、サプライチェーンにおける透明性を高め、企業同士のコミュニケーションを促進するデジタル・プラットフォームを構築しています。

　サーキュライズは2016年の創業以来、欧州委員会の「EU Horizon 2020」に選出されるなど数々の受賞歴を持ちます。2020年10月にはEIT Raw Materialsから18万ユーロ (日本円約2,400万円)、欧州委員会からは150万ユーロ (日本円約1億9,500万円) の資金調達に成功、ドイツのプラスチック製造大手DOMO ChemicalsとCovestroとのパイロットプロジェクトの実施や、日本の丸紅との提携、ドイツ高級自動車メーカーであるポルシェなどとの協業も進んでいます。

　同社の創業者であるメズバ・サブール (Mesbah Sabur) 氏によると、リサイクルの分野では、製品を構成する材料・資源についての正確な情報が必要とされています。情報が多ければ多いほど、より適切にリサイクルすることができ、より循環性の高い仕組みを作ることにつながるからです。

　同社の創業者であるメズバ・サブール氏は言います。

「サーキュラーエコノミー（循環型経済）が仕組みとして機能するには、資源だけでなく、"情報"も循環する必要があります。製品についての情報は、実際の製品以上に価値があり、それを一部の企業だけが独占してしまえばサーキュラーエコノミーへの移行は実現しないでしょう」

サーキュライズ社の創業者、メズバ・サブール氏

しかしこれまで、製品についての情報はほとんど追跡不可能でした。製品は世界中に点在する多数の製造業者などから仕入れた部品を使って製造されるものの、それぞれの企業に一件一件メールなどで連絡して何が入っているか問い合わせることは、現実的でなかったためです。

サーキュライズ社の取り組みは、そうした課題の解決に向けたチャレンジです。同社が提供するプラットフォームを使うことで、企業は製品についての情報を集積し、相互に開示できるようになります。サプライヤーにとっては、サプライチェーンで行われることの透明性を担保できることで、自分たちの作る資源や部品、製品の持つ価値を証明できるようになる、というメリットが生まれます。

サプライチェーンを透明化して信頼できるものにすることは、企業にとっても、規制・コンプライアンス・マーケティングの面から、価値があることだと言えます。こういっ

た情報インフラがあることで、ブランドはその製品ができあがるまでのサステナブルなストーリーに、消費者を巻き込むことができるようになるからです。

　さらには、ブランド、消費者、政府らがサステナブルなサプライチェーンを求める中、これまで下請けという立場を脱せずにいた製造業者にとっても、いち早く持続可能な方法で生産する体制を整えることは価値を生み出し、強固な競合優位性を確立することにつながります。

　メズバ氏がサーキュライズ社の事業を通して目指す、サーキュラーエコノミー実現のためのデジタル・プラットフォームとは、他の企業との差別化をはかるためや、短期的な優位性を確保するためのものではありません。世界経済を仕組みごと変えるためのプラットフォームです。透明性と匿名性の両立を技術によって実現した、いわば閉じられているけれども開かれた、分散型のインフラなのです。(取材協力
西崎こずえ氏)

一挙公開！
3社の取り組み事例

04

Chapter

遠い道のりとも思える脱炭素化ですが、日本でも多くの企業がこの変革にチャレンジし始めています。弊社では以前より社会課題解決にチャレンジする企業を独自に取材し、「Social Good Company」と題した冊子として発行してきました[*1]。大きな変革に挑む企業の狙いや活動を読者の皆さまと共有し、脱炭素化推進のために役立てていただくべく、その中から3社の取り組みをご紹介します。

再エネで電力の民主化を

みんな電力株式会社
COO専務取締役
三宅 成也 氏

今こそ「中央集権型」から「民主的な分散型」へ
——他電力会社との違いや「みんな電力」の提供価値から教えていただけますか？

　私たちは、生産者と利用者をつなげることが提供価値であると考えています。電力を売っているというよりも、生産者と利用者とをつなげるため、そのプラットフォームを作り、皆さんにその場を提供しています。そうした場を提供していることが私たちの価値となります。再エネを提供している会社のイメージを持たれていますが、従来の電力小売業の定義には当てはまりません。
　事業のスタートは、「電気を選べる楽しさを提供したい」という想いからでした。創業当初から、電力を選べる自由を提供する、誰も

が生産者になって生産者も豊かになる、電気を安くしたり便利にすることで電力にイノベーションを起こす、の3点をポリシーとしています。

また、他の小売業の電力会社の方々に、私たちが仕入れた電気を卸してもいます。現在は、誰もが利用可能な、SaaS（Software as a Service）型のCIS（Customer Information System）を構築中です。私たちが目指す分散型電力は、いろいろな場所でいろいろな人が電気を作ることになります。それは、中央集権型の電力ビジネスが、民主的な分散型のビジネスに変わることになりますが、私たちは、それを実現するための担い手になりたいと考えています。

今後は、自治体や企業、個人が電気を作るようになります。そうした人たちがプラットフォームに参加し、自由に電気を売れるようにする。売り手と買い手が自由につながる仕組みを構築しています。

——国内の2050年のカーボンニュートラル宣言の目標達成には、再エネの導入比率を上げることが必要です。どのようなことが課題であると考えますか？

促進のための要因と取り除くべきハードルの2つに課題があると思っています。

促進のための課題としては、電気を使う方々の意識が大きいと思います。そうした中、企業の再エネへの意識は確実に高まっています。ESG投資の広がりによって投資家の関心も高まり、すでに多くの企業では経営者自らが率先して経営課題として位置づけ、私たちを選んでいただいています。

また、電気を使うことと地球環境とが関係していることをわかりやすく個人にも伝えていきたいと思います。再エネを選ぶことは、

環境に配慮した行動であること、また、手軽に電力会社の切り替えができることだと、より多くの人に知ってもらえるよう、私たちも努力したいと思います。

——個人が電力会社切り替えの行動につながらない要因は、他にどのようなことが考えられますか？

「再エネを指向する新電力を選ぶことが気候変動対策にもつながる」と理解されていないことに加えて、再エネ電力会社の契約には、太陽光パネルを設置したり、工事が必要になると思っていること、また、電力会社を替えることで、電気料金が高くなると考えているお客さまも多いと感じています。

エコバッグやマイボトルを持つことよりも、再エネの電力会社に替えた方が、CO_2削減に大きく貢献できることを、これからも伝えていきたいと思います。最近は、電力会社を替えることはCO_2削減に貢献できること、簡単に切り替えができることをCMで伝えています。丸井グループとの「エポスプラン」※では、検針票をスマホで撮影し、必要な情報をオンラインで入力することで、簡単に電力会社の切り替えができることをアピールしています。

※自然エネルギー100%で電気料金の一部が森林保全に使われる、エポスカード会員向けの電力プラン。みんな電力と丸井グループにより、2020年9月よりサービス提供。

——今後、国内の再エネ比率拡大には、どのようなことが求められますか？

中央集権型ではなく分散型で電力を作ることが必要です。分散して電力を作ることは、多様な人が参加することになります。そのためには、電力の民主化はとても重要で、その役割を果たすのが再エ

ネであり、私たちの会社であると考えています。

　また、洋上風力発電や地熱発電など、日本の再エネ導入のポテンシャルはとても高く、日本の地熱発電技術は多くの国々で導入されています。日本政府もそうした情報を正しく発信すべきです。

ビジネスの変革にデジタルは欠かせない

——社会を変えるという点では、「みんな電力」はエネルギー・イノベーション企業を標榜しています。イノベーションを起こす上で、デジタルやDXが果たす役割を教えてください。

　エネルギー業界のDXは遅れていると感じています。また、DXは業務系に対して語られることが多いのが現状です。しかし、DXは、単なるデジタル化ではなく、ビジネス・トランスフォーメーションである必要があります。つまり、業務改善や効率化ではなく、ビジネスを根本から変えていくことが求められますが、そうした変革にデジタルは欠かせません。

　私たちは、エネルギーの供給元を分散化することにより、多数のプレーヤーが同時に取引に参加できることを目指していますが、その実現にはデジタルが必須となります。その仕組みをデジタル化、自動化してわかりやすく提供する「ENECTION 3.0」を次のビジネスの柱にしようと考えています（図4-1参照）。

——新しいプラットフォームの提供により、電力の提供者と利用者をマッチングするということですね。

　仕組みはとてもシンプルです。「みんな電力」が扱う全電力の発電・受電を予測し、優先順位を付けて、発電者と利用者を結びつける、つまり、発電した電気がどこで使われたのかを、取引後にト

図4-1 | 「再エネ普及拡大プラットフォーム ENECTION 3.0」の全体像

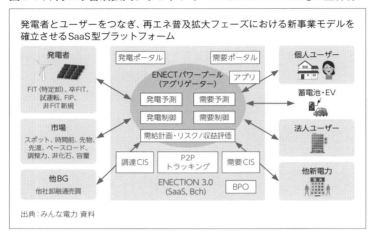

発電者とユーザーをつなぎ、再エネ普及拡大フェーズにおける新事業モデルを確立させるSaaS型プラットフォーム

出典：みんな電力 資料

レースする仕組みです。これまで、発電した電気がどこで使われたのかを知ることはできませんでしたので、それを把握しようということです。

あらかじめ設定された料金に従って発電者と利用者がつながることで、誰にいくら支払うのかも決まります。プラットフォームに参加する人は、こうしたルールで取引を行うことになります。そうしたトレースの仕組みを実現するため、ブロックチェーンがその役割を果たしています。

すでに企業のお客さまには、発電所を特定して電気を買っていただいています。企業にとっては、「この発電所から電気を買っている、この発電所や地域を応援している」と言えることになります。

転換点は「チャンス」と捉える

――新しいプラットフォームの提供に期待しています。最後に2050年のカーボンニュートラル社会の実現に向けて、個人や企業

の方々へのメッセージをお願いします。

　人々の意識は簡単に変わりません。そういった意味では、2050年までの時間は限られています。地球温暖化対策のために、一人一人が今すぐ行動に移さないと脱炭素社会の実現は難しいでしょう。そのためには、私たちも含めて、ビジネススタイルやライフスタイルを変える必要があります。

　私たちがソーシャル・アップデートと呼んでいる考え方なのですが、みんな電力は電力会社という枠にとらわれることなく、皆さんのライフスタイルをより良いものへ変え、あらゆる社会課題を解決する会社になりたいと考えています。

　再エネの促進ということでは、繰り返しになりますが、電気を使う側の意識がとても重要です。原子力や化石燃料由来の火力発電を否定するよりも、再エネの電力会社を使う人が増えるように、私たちを認知していただき、良いサービスを提供することで利用者が増える社会を作りたいと考えています。

　また、企業にとって、脱炭素社会に向けたこの転換点は大きなチャンスです。会社の在り方を考える、新しいビジネスを創るということでは、とても重要な時期です。

　今後、企業が再エネを使うことは必須となるでしょう。私たちのお取引企業は、一歩先に進んでいる方々です。他の企業の方々も関心を持ち、そうした流れにあることを理解していただきたいと思います。再エネの提供を通して、生産者とつながり、地域への貢献を通して、企業の方々と一緒に企業価値を高めるための取り組みを進めていきます。

※インタビュー実施時期：2021年5月（本書掲載にあたり再編集）
　インタビュー全内容は、メンバーズWebサイトをご覧ください。

https://blog.members.co.jp/article/45831

お客さまとの共創により電力をつくる

イオン株式会社
環境・社会貢献部 部長
鈴木 隆博 氏

小売業初！ CO_2削減の数値目標を設定

——「イオン 脱炭素ビジョン2050」の策定や、いち早く「RE100（企業が自らの事業の使用電力を100％再エネで賄うことを目指す国際的なイニシアティブ）」に参加するなど、「イオン」は流通セクターとしてはもちろんのこと、日本企業の中でもかなり積極的に気候変動の課題に対応しています。その理由を教えてください。

　イオングループは国内外で約2万店舗近くを展開していることから、店舗運営に多くのエネルギーを利用しています。つまり事業を通して膨大なCO_2を排出していますので、企業としてその排出量を抑制していく責任があると考え、対策に取り組んできました。

　「イオン温暖化防止宣言」を発表したのが2008年ですが、これは具体的な数値を掲げたCO_2削減目標として、日本の小売業で初めての試みとなりました。その後、2012年には「イオンのecoプロジェクト」を立ち上げ、2020年までのエネルギー使用量の削減、再エネ生産、店舗の防災拠点化、この3テーマを中心に取り組んでいます。

　また、2018年3月に「イオン脱炭素ビジョン2050」を公表し、脱炭素化へと大きく舵を切りました。その背景には、パリ協定やSDGsの採択といった世界的な潮流があります。

　さらに、近年の台風や豪雨など、大規模化する自然災害も理由として挙げられます。実際に各地の店舗が被害を受けた経験から、気候変動に対応しないことによるリスクの大きさを実感し、危機感を募らせたのです。地域のインフラとして消費者の生活を支える小売業だからこそ、その地域できちんと事業を継続していくためにも、脱炭素社会の実現に向けて先行して取り組む必要があるだろうと考えました。

――「イオン」は国内の消費電力の0.9％を消費しているそうですが、生活者との接点も多い流通分野の企業として、環境課題に対する意欲的な取り組みを進めることは、社会的なインパクトが大きいように思います。

　当社が日本企業としては５番目に「RE100」への参加を表明した2018年３月の時点ではもちろん、現在もまだ国内の再エネの市場は大きくはありません。制度も未整備の中、私たち自身が「再エネを必要としている」とメッセージを発信することで、日本にその市場を創出したいと考えているのです。
　また、再エネを高価格で調達すれば店舗の維持費がそれだけ増えることになります。そこで、発電事業者とパートナーシップを組み、発電事業者がイオンの店舗の屋上で太陽光発電を行い、そこで生まれたエネルギーを私たちが購入するPPA（Power Purchase Agreement）という仕組みに取り組んでいます。

――現時点で再エネは高価格のため、事業としてコスト・マネジメントしにくい、というイメージが強いのですが、PPAで解決の可能性が見えてくるということですか？

初期投資がかかりませんし、発電用設備のメンテナンスも不要です。当社としては、空いている屋上スペースを貸し、そこで生まれる電気を購入するというものなので、追加の負担なく取り組めるというメリットがあります。

さらに価格も、現在契約しているその他の電力とほぼ同等にまでなっています。また、この先、化石由来燃料の価格は上昇すると想定していますので、日本の再エネ電気代はまだまだ下がる余地があるだろうと考えています。

すでに、2つのショッピングモール※で再エネ率100%を達成していますが、そのうちの一つであるイオンモール藤井寺などのように、PPAを導入した店舗でコスト削減を実現できた事例も出てきています。CO_2排出量を削減しつつ電気代も抑えられる点には、大きなメリットがあると思います。

※取材時の数。2021年9月現在8の施設に拡大。

顧客と「電力を融通し合う時代」が到来

——電力の調達に関しては、電子マネー「WAON」のポイントと連携させるなど、顧客を巻き込んだ取り組みも進めています。そうした顧客との共創は、どのように発想されたのですか？

先程お話しした、店舗でのオンサイトPPAに取り組んでいますが、それだけではやはり足りないため、オフサイトPPAの仕組みについても検討していました。

太陽光発電の2019年問題——いわゆる家庭用発電機のFIT（10年間の固定価格買取制度）が2019年11月から順次切れ始めることから、これを調達できないかと考えていたのです。再エネを売りたいお客さまと、再エネを調達したい私たちをつなぐスキームができないかと。そこから、電力会社による再エネの買い取り価格に加え、CO_2

フリーの環境価値をイオンに提供いただくと「WAONポイント」を付与するというアイデアが生まれ、まず中部電力（現・中部電力ミライズ）さんと一緒に取り組みをスタートさせました。

予想以上に多くのお客さまからお申し込みがあり、中部エリアの「イオンモール」1店舗分ほどを賄う電力を確保でき、それを数店舗に供給しています。お客さまからは、電力を売れるということと同時に、お買物で「WAONポイント」を使えるという点が好評を得ています。「イオンの電気は我が家の屋根から供給している」とお客さまに実感いただけるということが、地域とのつながりの起点になるのではないかとも思います。この取り組みは、中国電力さん、四国電力さんでもスタートしており、さらに全国に広げていきたいと考えています。

こうした取り組みを通して、さまざまな小規模電源をそれぞれが融通し合うような社会が、すぐそこまで来ているのではないかと実感しています。

図4-2│電力シェアのイメージ

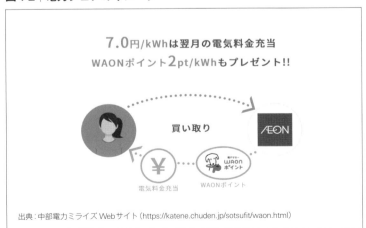

出典：中部電力ミライズWebサイト（https://katene.chuden.jp/sotsufit/waon.html）

「イオンに行くことは地球にいいこと」を実現

――MSC認証の魚介類やフェアトレードのチョコレートなど、これまでも社会課題の解決に資する商品をいち早く販売してきましたが、商品を通して気候変動対策を訴求するような取り組みはありますか？

すでにリサイクル素材を使用した商品は展開していますが、そうしたことだけでは、気候変動に対する当社の取り組みはお客さまにはなかなか伝わりにくいと感じています。あるいは、カーボンフットプリントを切り口として、輸送距離に応じたCO_2排出量から商品を選ぶような消費活動の変容を起こすことも、現実的に難しいでしょう。だからこそ、事業そのものを通して実践するしかないのかもしれません。

今後は製造から消費までのサプライチェーン全体の中で、共働できるパートナーと一緒にCO_2削減に貢献することが重要だと思います。消費活動で発生するCO_2よりも、上流側の製造や輸送工程などの方が、圧倒的に多くのCO_2を排出しています。サプライヤーと一緒に取り組んだ上で、リサイクルの仕組みなど、消費者にアピールできるユニークな施策に発展させることが理想です。

お客さまが「イオン」でどの商品を選んでも、全てが環境に配慮されたものになる。まさにこれこそが、私たちが目指すことだと考えています。そのためには、まず環境配慮型の商品の割合を高めていくことです。

――脱炭素化社会を進める上で、現在、課題と感じていること、そして、今後の展望をお聞かせください。

新技術の開発など、政府も含めて実証実験を重ねながら、実用化につなげる施策が必要だと感じています。私たちが今できることに

は全て取り組んでいると自負していますし、JCLP（日本気候リーダーズ・パートナーシップ）などの企業ネットワークへの参画を通して、制度設計に関する意見交換や政府機関への提言にも取り組んでいます。同時に、国民全体がそうした認識を共有した上で、個々人が自分でできることを考えることも重要だと感じています。大規模災害の頻発や、生き物の生息地の消失、農産物の収穫量の変化など、気候変動によってさまざまな影響が出ていることからも、地球温暖化による暮らしのリスクが大きくなっていることは明らかです。

　「イオン」に行けば、気候変動に関する取り組みに参加できるということを、より強く社会に発信していきたいと思います。

※インタビュー実施時期：2020年8月（本書掲載にあたり再編集）
　インタビュー全内容は、メンバーズWebサイトをご覧ください。

※2021年7月「イオン脱炭素ビジョン2050」の目標を、
　2040年を目途に前倒しで達成することを目指すと公表。

https://blog.members.co.jp/article/43362

気候変動対応に取り組み、販売促進につなげる

アサヒグループ
ホールディングス株式会社
Sustainability　マネジャー
原田 優作 氏

ステークホルダーの信頼なくして存在しえない

——2050年の温室効果ガス排出量削減の目標「アサヒカーボンゼロ」を掲げています。気候変動対策に積極的に取り組む意義から教えてください。

私たちが提供する酒類、飲料、食品を中心とした商品は、水や農作物原料などの自然の恵みを原料としています。また、私たちはステークホルダーの皆さまからの信頼を得ることにより存在しています。そうした中、気候変動は、経営そのものを揺るがしかねないリスクであると捉えています。マテリアリティの1つに環境、特に気候変動に対する目標を掲げ取り組んでいます。

　そして、私たちはコミュニティもマテリアリティの1つとしています。地域やさまざまな関係者の方々との対話やつながりを強化することにより、脱炭素社会や、楽しい生活文化の創造やグローカルな価値創造企業といった、私たちのフィロソフィーを実現できると考えています。

——気候変動が進むことで、どのようなことがリスクとして挙げられますか?

　主に2つあると考えています。1つ目は、原材料を安定して調達できなくなるということです。地球温暖化で気温が上がることにより、農作物の生産に影響が及び、私たちが必要とする原材料の調達も減ってしまうことになります。2つ目は、渇水が挙げられます。水は私たちが提供する商品にとってとても大切な資源です。オーストラリアなどでは、すでにそのリスクが顕在化しています。

　こうしたことから、気候変動は、私たちの事業に大きな影響を与えると考えていますので、CO_2排出削減などの目標の達成に向けて、真摯に取り組んでいきます。

——気候変動対策を進める上で、現在の課題はどのようなことですか?

2つの大きな課題があります。まず、国内では、再エネの電力価格が化石燃料の電力と比べて割高で、再エネ電力の調達が困難であるということです。

もう1つは、再エネ由来の燃料が不足していると感じています。現在、事業で使用するエネルギーの購入に加えて、自らがエネルギーを生産しているので、燃料の再エネ化が世界的にも大きな課題だと考えています。

私たちの事業では、製造や品質を保つための殺菌などで、多くの蒸気を必要とします。国内事業によるスコープ1（事業者自らによる温室効果ガスの直接排出）のCO_2の排出量は、スコープ2（他社から供給された電気、熱・蒸気の使用に伴う間接排出）に比べて2倍以上になります[*2]。蒸気を発生させるためのボイラーを動かすためには、ガスや重油が必要となるので、カーボンゼロを達成するには、燃料の再エネ化はとても重要なポイントです。

外部評価は私たちの通信簿である

——CDPからは、「気候変動Aリスト」にも認定されています。気候変動対策を進めることで、社会や投資家などの評価や反応はいかがですか？

外部評価となりますが、CDPからの3年連続「気候変動Aリスト」の認定により、一定の評価をいただけていると思っています。CDPの評価に基づき、サステナビリティ分野に特化したローン商品を提供する金融機関もあります。外部評価は私たちの通信簿と捉え、今後も対応していきます。

また、2020年10月にはグリーンボンドを発行していますが、投資家の方々からは大きな反響がありました。

——外部評価の視点では、2015年に「攻めのIT経営銘柄」に選定されて以来、現在はDX銘柄として、経済産業省と東京証券取引所から選定されています。

　気候変動への対応同様、DXの取り組みも各事業会社の経営戦略と連携し進めています。私たちはDXを「稼ぐ力の強化」「新たな成長の源泉獲得」「イノベーション文化醸成」のための成長エンジンと位置付け、2019年には、「ADX戦略モデル（Asahi Digital Transformation）」として体系化し、その後、「AVC（Asahi Value Creation）戦略」として再構成しました。

　人材育成のための教育プログラムの展開や、飲食とデジタルを掛けあわせ、新規ビジネスの創出を目指す「Food as a Service構想」にも着手しています。今後は気候変動対応にもDXを積極的に採り入れ、イノベーションを創出したいと思います。

——気候変動対応を進めることによる生活者や社会の反応はいかがでしょうか？

　最近は、営業部門からの再エネに関する問い合わせも増えてきたので、社会全体が動いていることを実感しています。
　一般生活者向けには、ペットボトルのラベルレス商品を販売しています。ラベルをなくすことによって、捨てるときにラベルをはがすストレスがなく、廃棄物も減らし、CO_2排出の削減にも貢献できます。最近では、事業者の方からのお問い合わせも増えているので、環境配慮型商品を取り扱いたいという意向も高まっていると感じています。

——従来の商品と比べて、ラベルレス商品の売り上げはいかがですか？

　好調です。ただ、一本一本に原材料を表示できないので、店頭での販売条件を満たしておらず、個別の販売ができません。段ボール箱入りのEC向けの商品となりますが、ヒット商品となっています。最近は、箱売りをするディスカウントショップや生協などにも販路を広げています。

　ラベルレス商品の売り上げをこれからもっと増やしたいと考えていますし、ラベルレス商品は商品カテゴリーの1つとして、社内でも認知されるようになりました。

他部門との連携が目標達成の近道

——私たちの独自調査では、生活者の気候変動への関心や対応する商品の購入意向が高まっていますが、購入に至らない要因の1つに、「どのような商品が気候変動の課題に取り組む商品なのかわからない」との回答を得ています。アサヒスーパードライが、グリーン電力を活用し製造されている商品であることを知ったのは最近でした。

　「アサヒスーパードライ」は、日本国内で多くのグリーン電力を活用して製造されています。その取り組みは、2009年からスタートしています。「グリーンエネルギー（GE）マーク」を、缶やギフトセットの外箱に印字していますが、まだまだ十分に伝わっていないのも事実だと思います。

　しかし、現在は、生活者も気候変動や再エネへの関心が高まっていると感じています。今後は、サステナビリティ部門と商品担当部門とがもっと歩み寄るようになると思います。お取引先に取り扱っていただくために環境配慮型商品を開発することに加え、今後は、生活者に知っていただき、売るためのアピールをすることが必要であると考えています。

TCFD（The FSB Task Force on Climate-related Financial Disclosures：気候関連財務情報開示タスクフォース）のシナリオ分析でも、生活者の「エシカル消費拡大への対応」を、対応策の方向性の1つとして挙げています。現在も、機能部門や事業会社でサステナビリティの取り組みは進めていますが、今後マーケティング部門や営業部門とサステナビリティ部門との連携が、より一層必要になるでしょう。

——最後に脱炭素社会の実現に向けてメッセージをお願いします。

私たちは、2050年のカーボンゼロ目標を掲げていますが、スコープ3（スコープ1、スコープ2以外の、事業者の活動に関連する他社の排出）[*2]、つまりバリューチェーンを含めた高い目標であると捉えています。その達成のためには、自社の努力はもちろんですが、ステークホルダーの皆さんにもご理解をいただきながら、目標達成に向けて一緒に手をとって進めていく必要があります。

また、脱炭素社会への移行は世界中で動き出しており、その流れはもはや常識となっています。今後は、2050年を待たずに、いかに早い時期でのカーボンゼロを達成できるかが鍵になると思います。私たちも、できるだけ早い時期での達成を目指し、その取り組みを加速していきます。

※インタビュー実施時期：2020年12月（本書掲載にあたり再編集）
　インタビュー全内容は、メンバーズWebサイトをご覧ください。

https://blog.members.co.jp/article/44418

第4章 引用・参照リスト
*1 株式会社メンバーズ「Social Good Company」（https://marke.members.co.jp/memberspaper09_socialgoodcompany.html）
*2 環境省「グリーン・バリューチェーンプラットフォーム：サプライチェーン排出量算定をはじめる方へ」（https://www.env.go.jp/earth/ondanka/supply_chain/gvc/supply_chain.html）

第 **5** 章

あなたの企業の
存在意義は？

05

Chapter

在り方を問う6つの視点

ここまで述べてきたように、企業環境は大きく変化しています。それに伴い、企業自身も大変革をしなければなりません。変革のためには、トップの強いリーダーシップが必要です。それと同時に、その変革を自分ごととして捉え自らが率先して行動する人材、そして変革を促進する手段としてDXを有効に使いこなすことも重要です。

ここであらためて、特に企業にとって重要となる、脱炭素時代におけるキーワードを整理しておきます。

■ 企業の存在意義（パーパス）

これまでの社会・経済のゲームのルールにおいては、企業、特に株式会社は、関係者の利益を継続して増大させることこそが、その存在意義でした。そして株主という関係者の力が、企業経営に最も大きな影響を与えてきました。

しかし、そのような経済活動をくり返し行き過ぎた資本主義は、多くの環境破壊を生み出し、我々が人生を営む舞台である地球を取り返しのつかない状況へと追い込んでいます。今一度、自分たちの企業が何のために存在しているかをしっかりと考えることが必要です。そしてそれを、顧客と社員、株主、パートナーなどの関係者と共有することが重要です。

パーパスとは、自社がどういう未来、社会を創造し、そして、その社会の中でどういう存在意義を持つかを明示したものです。ビジョンが、主に株主や社員に向けた内向的なメッセージであるのに対して、パーパスは顧客や社会など全ての関係者との「共有価値」となるものです。

パーパスが重要なキーワードになってきた背景からは、商品やサービスのコモディティ化、モノがあふれる社会、成熟した消費者、そして山積する社会問題などの存在が見えてきます。すなわち、消費者が利便性や安さ、表面的なデザインなどを判断基準としてモノを選び取っていたこれまでの市場に対して、時代が移り変わった現在の消費活動においては、その企業がその商品をどういう意義で作っているのかが問われるようになってきているからです。

山口周氏著作『ニュータイプの時代』でも言われているように「役に立つ」企業は、例えばアマゾンのような突出した1社しか生き残れなくなるかもしれません。それでも、「意義/意味のある」企業は、その価値観を共有できる顧客の支持を得続けることで、持続可能になることができるのです。その意義、意味こそが、パーパスなのです。

経営コンサルタントのS. シネックは、2009年にTEDで披露されたスピーチ「Start with WHY」[*1]の中で、「Golden Circle」と名づけられたフレームを使い、企業にとってのWHY(＝パーパス)の重要性を説いています(図5-1参照)。彼は「優良顧客は貴社の製品を買うのではなく、貴社がなぜそれをやっているかを買う」と述べています。第2章でも述べたように、気候変動問題に対する消費者の関心は年々

図5-1｜Golden Circle

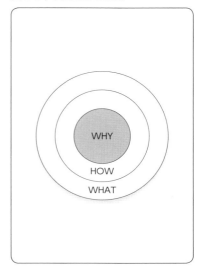

WHY

HOW

WHAT

大きくなってきており、企業にその課題解決を望んでいます。そしてシネックの提言どおり、その課題解決にコミットする企業の商品・サービスであれば、他の類似商品より多少価格が高くても購入する、いわゆる「パーパス購入」が増えてきています。

　消費者だけではありません。近年、経営において、この存在意義（＝パーパス）を重要視する「パーパス経営」を唱え、実践する企業が増えています。例えば、マイクロソフトの3代目CEOであるS.ナデラは、就任早々マイクロソフトの存在意義を再定義し、それを「未来に貢献できるような企業文化を作る」ことだと宣言。これを機に、低迷していた同社のビジネスは回復を遂げました。

　また、サステナブル経営のリーダーでもあるユニリーバは、自社のサイトでパーパス経営について下記のように表明しています。

　「'サステナビリティを暮らしの"あたりまえ"に'こそ、今後もユニリーバが企業として目指していくパーパスです」と、CEOのアラン・ジョープは話します。「この取り組みをもとに、ビジネスとはよい事を促進する力であるという姿勢を、ユニリーバが率先して示し続けていきます。ユニリーバのブランドのうち、社会や環境に明確に良い影響を与えるブランドの数は今後も増えていくでしょう。これは、ユニリーバの社員の本能と消費者の期待に完全に一致しています。利益よりもパーパスを優先するということではありません。パーパスこそが、利益を生み出すものなのです」[*2]

　パーパス経営を実践しているのは、何も海外の企業ばかりではありません。味の素グループは、創業以来一貫して、事業を通じた社会課題の解決に取り組んできました。そして、地域や社会と共に価値を創造することで、経済価値を創出し、成長し続けてきました。

　2014年には、この一連の価値創造を「ASV（Ajinomoto Group Shared

Value)」として掲げ、事業活動そのものであると位置づけました（図5-2参照）。ASVを強く推進していくことこそが、「確かなグローバル・スペシャリティ・カンパニー」の実現につながると考え、ASVの進化を中核とした「2017-2019（for2020）中期経営計画」を策定しています[*3]。

　このASV推進の原動力となったのはDXです。味の素株式会社の取締役 代表執行役副社長 CDOである福士博司氏は、弊社主催のセミナーで次のように語っています。

　「食と健康の課題解決企業に生まれ変わるための、西井CEOによるパーパス（志）経営への転換宣言を機に、そのパーパスであるASV実現のためにDXを活用、"構造改革と新成長モデル樹立"（オペレーション変革、エコシステム変革、事業モデル変革）を推進しています。

　まず自社内で食と健康の課題解決の経営エコシステムを作り、次に外部へネットワークを広げて他企業や医療機関を巻き込み、事業モデルを大胆に変革していきます。特にこの変革の際にデジタルテクノロジーが必要であり、最終的には社会全体をステークホルダーとして、社会システムの向上を目指しています。

　これは、サステナビリティそのものなのです。したがって我々の変革プランにおいては、DXはこれ、サステナビリティはこれ、というような境界線がありません。

　パーパス経営への転換により、PL重視の経営から無形資産、DXへの投資、長期ビジョンを大切にした経営に変わりました。投資は重点事業に傾斜配分します。すなわち人材やR&D、マーケティング新事業など、無形資産に重点的に投資するのです。財務的には稼ぐ力を上昇させます。アウトカムとしてESGを大切にしますし、企業の価値として従業員のエンゲージメントスコア、コーポレートブランド価値、時価総額を、同期化して向上させることを目指します」

図5-2 | ASV（Ajinomoto Group Shared Value）

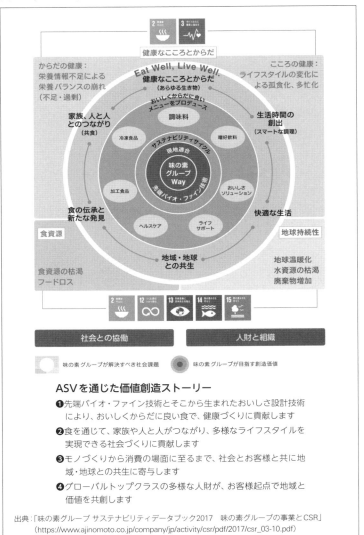

ASVを通じた価値創造ストーリー

❶先端バイオ・ファイン技術とそこから生まれたおいしさ設計技術
により、おいしくからだに良い食で、健康づくりに貢献します

❷食を通じて、家族や人と人がつながり、多様なライフスタイルを
実現できる社会づくりに貢献します

❸モノづくりから消費の場面に至るまで、社会とお客様と共に地
域・地球との共生に寄与します

❹グローバルトップクラスの多様な人財が、お客様起点で地域と
価値を共創します

出典：「味の素グループ サステナビリティデータブック2017　味の素グループの事業とCSR」
（https://www.ajinomoto.co.jp/company/jp/activity/csr/pdf/2017/csr_03-10.pdf）

Chapter

05

　また、同社のDXがどのように企業価値につながっていくかについては、次のように語っています。

　「デジタルでできることは、企業内のいわゆる“見えない資産”を見える化することだと思っています。
　組織資産というのは見えない資産だといわれていますが、人的資産、顧客資産もまさに見えない資産です。物的資産は見えますが、商売で金融資産になって組織資産へと戻っていきます。そうしたお金の流れと同時に、企業風土がレベルアップする流れというのもあり、企業文化を拡大再生産すると同時に経済的価値を上げていくということが、企業価値を上げることになります。デジタルの主な役割は、目に見えないものを数値化して見えるようにすることに違いないと仮説を持ち、そこに取り組んできた次第です。

　もう少し詳細に述べると、まずは無形資産の出発点である人材資産については、組織マネジメント改革をしたり人材投資をしたり、ダイバーシティ、デジタルリテラシーを向上させたり、という取り組みが必要となりますが、主なKPIを従業員のエンゲージメントスコアにしました。
　これが顧客資産に変わっていくわけですが、顧客資産として重要なのは、やはりマーケティングや商品開発のデータです。これはデジタルで加速します。そのほかスマートなマーケティング、あるいはいわゆる一般的なデータマネジメントプラットフォーム（DMP）の構築、DMPマーケティングをすることによって、見えない顧客資産を見える化して効率よくマーケティング投資をし、商品開発をして、顧客の満足度を上げます。あるいは顧客が何を欲しているかをサーベイします。これが物的資産になっていきますが、ROI経営をやっておりますので、経営の資産効率を上げるために、物的資産は

効率性を重視し、物的資産の絶対量を下げるような方向でやっています」

　味の素グループの例からも見えてくるように、新しい価値創造のための企業パーパスを、強力に推進する企業変革システムとして必要なのがDXなのです。

　同社はパーパス経営をDXで推進することで、2016年に2,900円台を記録した株価がそれ以降下降し、2018年後半には一時1,640円となりました。しかし2021年には、コロナ禍にもかかわらず8月現在の株価は3,000円を超えています。この現実をうけて、DXを手段として活用したパーパス経営の推進には、「4年かけて下がった株価を1年強で戻すという劇的な効果があった」と福士氏は語っています。

　脱炭素化社会への対応は、企業にとって大きな変革を伴うものです。その変革は社員、株主そして顧客の共感、協力、共創がなけれ

図5-3｜味の素のデジタル変革

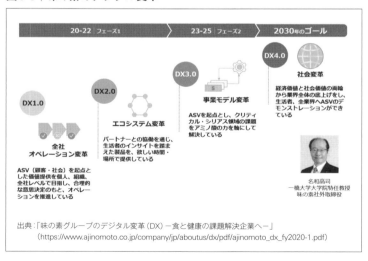

出典：「味の素グループのデジタル変革（DX）－食と健康の課題解決企業へ－」
（https://www.ajinomoto.co.jp/company/jp/aboutus/dx/pdf/ajinomoto_dx_fy2020-1.pdf）

ば実現し得ません。ただ単に脱炭素化に取り組まなければならない、ということではありません。脱炭素化時代において自社がなりたい姿、存在の意義を明確に示し、そのパーパスをもとに行動を起こさなければ、変革ではなく、改善に終わってしまいます。大きな変革の時を迎えた今、あらためて自社のパーパスを再定義する必要性があるのです。

■ 企業文化の浸透

　企業文化の重要性については、今更語るべくもありません。その一方、いざ自社の企業文化がどういうものか、さらにはそれが浸透している、と胸を張って言える経営者はどれくらいいらっしゃるでしょうか？ 理念をきれいな言葉で作り、ポスターや小冊子で社員に配り、人事部が研修を実施する。こうした活動が成されれば、企業文化は形成できるのでしょうか？

　Appleは、外から見ると強い理念に基づいた企業に見えますが、実は理念を言葉にしていないといわれています。少なくとも対外的には、ミッション・ステートメントの類の言葉はありません。もちろん、創業者であるS. ジョブズ自身が発言し、行動で示していたということもあります。しかしそれ以上に、彼は社員をはじめとするステークホルダーと、時には激しい叱責や態度を伴いながら徹底的に議論をしたといわれていますが、そのこと自体が企業文化の源となったとも思われます。多くの経営者は、言葉にすることで安心しがちですが、一旦形になった後の言葉は形骸化しやすく、時間がたつうちに風化して、いつの間にかその理念やパーパスが実践されていない、といったことが多いのではないでしょうか？

　つまり、理念が社員の自分ごとになっていないため、また、人事評価制度などもそれに準じていないため、「言葉として覚えておか

なければならないもの」になってしまっているのです。理念はその考えを行動として表してこそ、初めて意味があるのです。それを証明するように、顧客志向を理念に掲げながら、まったく顧客志向な行動になっていない企業が、いかに多いことでしょうか。

脱炭素化時代に向けた企業変革がうまくいくかどうかは、明確なパーパスとその従業員への浸透、共感、パーパスに基づいた行動が実行されるかどうかで決まります。そして実行する際に大きな役割を果たすのが「企業文化」です。

企業文化を形成し、それが浸透するまでには、多くの時間を要します。その間に最も大切なのは、社員自らがその文化の担い手としてリーダーシップをとり、仲間と共感、共創し続けることです。社員自らが常に自社の存在意義を考え続け、それを実現するために判断し、行動できているのかどうかを問い続けることです。

良品計画代表取締役会長兼執行役員の金井政明氏は、「創業以来、常に無印良品とは何かを問い続けている」と語っています。良品計画の社員とミーティングをすると「それはMUJIっぽい」「MUJIっぽ

図5-4 | メンバーズが実施した自社の存在意義についてのワークショップ

くない」という表現にしばしば出くわします。

　ではMUJIの商品の開発基準が明確に定義されているかといえば、そうではなく、社員の共通価値観が企業文化として形成されているのだといいます。これにより型にはまることなく「MUJIっぽさ」を追求でき、さまざまな商品やサービス（インテリア、被服、家、キャンプ場、生鮮マーケット、ホテル、レストラン、化粧品、食料品など）が生まれ続けているのです。

　良品計画のような在り方に対して、文化が形成されていない企業は、ルールに縛られ、創造性のもとである「自分で考える」ことができなくなります。

　2020年初頭から世界を疲弊させた新型コロナウイルスによるパンデミックのように、明日突然何が起こるかわからないこの時代においては、強い企業文化を持つ企業のみが持続可能なのです。

■ 人材育成

　脱炭素化に向けた大きな変革にあたり、企業にとっては新たに必要な人材像と、人材育成戦略が必須になります。

　厚生労働省の「平成30年版 労働経済の分析」によれば、日本企業は人材育成に投資する金額が、先進国において最も低いと報告されています（図5-5参照）。

　日本のGDPに占める企業の能力開発費の割合は、米国、フランス、ドイツ、イタリア、英国と比較して、突出して低い水準であり、年々低下しているのです。このことから、同報告書は「労働者の人的資本が十分に蓄積されず、ひいては労働生産性の向上を阻害する要因となる懸念がある」と分析しています。

　日本の企業は、ハードよりもソフトなものへの投資に対しては比較的慎重で、形あるものへの投資が中心になりがちです。モノ作り中心の経済だった経緯から、On The Job Training（OJT）的な習慣があ

るのかもしれません。

　しかしこれからは、答え通りに作ることはAIが担っていく時代です。どのような社会にするのか、どのような企業になるのかを自ら問い続け、考えることの場や素材を提供することの方が重要になってきます。自らが学び、教え合うことができる人材の育成が未来の経営を左右するのです。

　そのため、これからの時代に必要な人材は、スキルよりも次のようなマインドの方が重要になると思います。

・ 社会課題解決志向
・ 未来を創造する意志

図5-5 | GDPに占める企業の能力開発費の割合の国際比較

我が国のGDPに占める企業の能力開発費の割合は、米国・フランス・ドイツ・イタリア・英国と比較して低い水準にあり、経年的にも低下している。

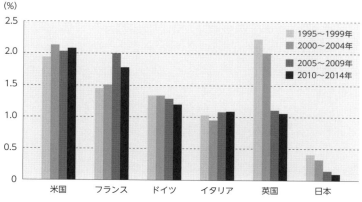

（注）能力開発費が実質GDPに占める割合の5箇年平均の推移を示している。なお、ここでは能力開発費は企業内外の研修費用等を示すOFF-JTの額を指し、OJTに要する費用は含まない。
出典：厚生労働省「平成30年版 労働経済の分析 −働き方の多様化に応じた人材育成の在り方について−
　　第II部 働き方の多様化に応じた人材育成の在り方について」
　　https://www.mhlw.go.jp/wp/hakusyo/roudou/18/dl/18-1-2-1_02.pdf
資料出所：内閣府「国民経済計算」、JIP データベース、INTAN-Invest database を利用して学習院大学経済学部宮川努教授が推計したデータより作成

- 自ら学び続ける
- 前例主義に陥らない
- 競争と共創精神の両立

　前述した味の素グループは、DX人材の育成に非常に力を入れています。DX人材増強計画を立案し、KPIとしてプログラム受講人数を掲げており、目標を前倒しで達成しながら強力に推進しています。

■ 非物質化ビジネスモデル

　一般的に欧米に比べると、日本はモノを作る能力が高い国です。しかし商品のコモディティ化によるモノ溢れ、制作コストの低減など、モノ作りだけに頼った経済成長は、難しくなりつつあります。大量のCO_2排出を伴いながらエネルギーを大量に使い、大量のモノを作り大量に販売し、それを消費してもらう従来型のゲームのルールが終焉を迎えている脱炭素化時代においては、尚更です。

　日本がモノ作りで我が世の春を謳歌していた1980年代、弱体化したアメリカ企業は、早々とモノ作り中心のビジネスモデルからの変革を迫られました。そういう時代に、パソコン、ソフトウェア、インターネットが登場しました。モノ中心のビジネスモデルから、デジタル技術を活用した情報中心の、つまり形のないコトを商品とした、いわば非物質化のビジネスモデルへと移り変わります。そしてデジタルの申し子のようなGAFAは巨大化し、アメリカ経済全体をけん引し、世界を席巻してきました。

　脱炭素化を目指している今、より一層非物質的なビジネスモデルの成長が期待されています。モノ作りが日本の強みであることは、疑いようのない事実です。しかし、大きく変貌するゲールのルール下にあって、モノ作りだけでは対応しきれないこともまた明白です。モノ作りと非物質的なサービスとの組み合わせ、あるいは非物質化

された新しいビジネスモデルを生み出す必要があるのです。

■ ICT／デジタル

　変革のためには、強い決意とやり通す意志が最も重要です。そしてその実行のために大きな役割を果たすのが、現代ではデジタルです。デジタルリテラシーが低い経営者が率いる企業が、この変革を乗り越えるのは困難極まりないかもしれません。

　何も、経営者たるもの、デジタルのテクニックに精通せよ、と言っているわけではありません。経営にデジタル技術を活用することの本質を理解し、デジタルを武器にできる能力が必要だと思うのです。デジタルを専門家の領域だけに留めず、経営者自ら、しっかりと使いこなす能力を身につけるべきではないでしょうか。

　人材教育の上でも、部門や役割にかかわらず、デジタルを学ぶ機会を広く設けるべきでしょう。また、IT担当の役員には、デジタルリテラシーの高い人材を採用すべきだと考えます。デジタルリテラシーが低いために、自社のDXをSIerに丸投げするような企業が、果たして脱炭素化時代に持続可能でいられるでしょうか。

　こうした提言をせざるを得ないほど、日本のデジタル投資額は低いまま推移しています（図5-6参照）。

　「日本の企業がデジタル投資の目的をどこに置いているか？」ということを考えると、低調の理由が見えてきます。

　総務省の白書も、このような現状を的確に指摘しています。日本企業の「守り」のデジタル化はコストとして扱われるので、投資は抑制されます。一方「攻め」、つまり新たなビジネスの創出のため、デジタルを活用する欧米企業の投資は積極的になります。このデジタルに対する態度の差は、実際の投資額の差としても表れ、企業の力の差となっているのです。

　はからずもコロナ禍においては、企業のデジタルリテラシーの格差が如実に表れました。皮肉なことに、規模の大きい企業ほどデジタル分野での対応が遅く、緊急事態宣言下にもかかわらず社員がリアルに出社しないと業務がこなせない企業も多数ありました。

　また、パートナーと協働するためのクラウドツール利用に、必要以上に制限をかける企業もありました。緊急事態であったにもかかわらず、ルールに縛られ、ビジネスが動きを止めてしまう様子も散見されたのです。何のためのデジタルなのか、本末転倒とはこのこと、といった状況です。

図5-6 │ 各国のICT投資額の推移比較（名目、1995年＝100）

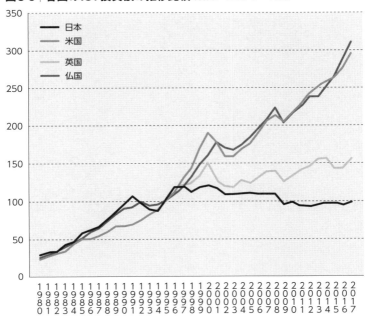

出典：総務省「令和元年版 情報通信白書 第1部 特集 進化するデジタル経済とその先にあるSociety 5.0」
　　　（https://www.soumu.go.jp/johotsusintokei/whitepaper/ja/r01/html/nd112210.html）
資料出所：OECD Statをもとに総務省作成

図5-7 「SoR (Systems of Record): 業務効率化やビジネス基盤としてのICT」と、「SoE (Systems of Engagement): 新たなビジネスを生み出すICT」

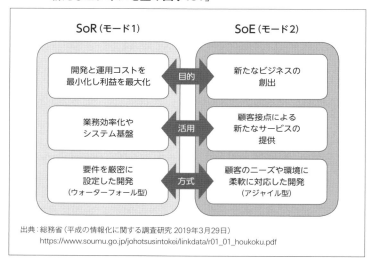

出典：総務省（平成の情報化に関する調査研究 2019年3月29日）
https://www.soumu.go.jp/johotsusintokei/linkdata/r01_01_houkoku.pdf

■ マーケティング

　多くの日本企業において、マーケティングは宣伝と同義に扱われているところがあります。大手の広告代理店の繁忙さが、それを物語っています。このような概念とビジネス習慣が広がっている理由は2つあります。

・ 日本企業には、良い製品を作ることに集中し、良い製品が出来上がれば必ず売れるという信念めいたものが強かった。
・ その商品を卸や流通に売り込む営業力の強さが重要視され、広告やキャンペーンはその支援であり、それがマーケティングであると捉えられていた。

このため日本は、広告費が世界トップクラスである一方、マーケティングにおいては比較的に後塵を拝しています。実際に欧米企業での重要な経営ポジションであるCMO（Chief Marketing Officer）のようなポジションは、日本にはほぼありません。またマーケティング担当者は、経営において重要なポジションではなかったと思われます。

　一方、欧米企業のトップの中には、マーケティング畑の出身者が少なくありません。そうでなくても、資質としてのマーケティング・スキルを身につけているCEOが多いのです。その際たる存在が、Appleの元CEOであるS.ジョブズです。

　マーケティングとは、ただ単に出来上がった商品やサービスを広告やキャンペーンで売るための活動ではありません。

　顧客に焦点を当て、いわゆるマーケティング4Pである製品（Product）、価格（Price）、流通（Placement）、販売促進（Promotion）の最適化を行い、商品・サービスの売り上げ、利益を継続的に最大化するための経営アプローチです。

　デジタル化の影響で、メーカーは顧客とダイレクトにつながることができるようになり、流通もECを取り入れています。販促の分野では、マスメディアであるテレビや新聞、雑誌の影響力が薄まり、検索エンジンやソーシャルメディアの影響が大きくなりました。より統合された視点を持って、ビジネスの最適化をしなければならない状況になっています。

　さらに第2章で述べたように、商品によっては顧客の関心事が単なる利便性や安さだけではなくなっています。社会課題への関心が高まるにつれ、企業のコミットメントが購買の際の重要因子となってきています。本章で述べたように、企業の存在意義を顧客に訴求し、共感してもらうことが重要になっています。

従来はCSRがその役割を担っていましたが、残念ながらCSRは自社顧客向けのコミュニケーションができていないのが現状です。自社サイトの中にCSRのページがあるにはあっても、閲覧されないコンテンツの一つになってしまっています。

こうしたことは、企業がその活動をマーケティングとして捉えていないことが一因なのです。これからのマーケティングにおいては、企業の存在意義をしっかりと顧客に伝える継続的なコミュニケーションを行い、共感してもらうことが重要です。

脱炭素への対応は、企業に多大な投資を要求します。一方、その活動をしっかりと「マーケティング」文脈で顧客に伝えることで、応援購買にも結びつけることが可能になり、顧客との共創も実現します。顧客と一緒に脱炭素時代に立ち向かっていくための手段としてのマーケティングの役割は、サステナブルな経営の重要な手段といえるのです。

未来に向けたアイデア発想術

脱炭素化社会の実現に向けて、海外では、炭素生産性の分母、分子の各領域とも、多くのアイデアや事例が登場しています。そこにはさまざまなテクノロジー、例えばブロックチェーン、AI、5Gなどの技術が活用されています。しかし重要なのは、技術主導のイノベーションではなく、あくまでも地球温暖化問題解決のためのアイデアなのです。そのアイデアにどんな技術を使うか、どうデジタルを活用するか、ということです。

長らくイノベーションは、技術革新との名が示すとおり、技術に価値がおかれてきました。しかしこれからは、分母、分子、それぞれの領域におけるアイデアの創出が重要になるのです。つまり、技術と同じようにロジカルに生み出せるものとは限りません。そこで、

デザイン思考と呼ばれる手法などを活用し、アイデアを創出しようとする企業が増えています。その効果は、経済産業省が日本企業の課題解決として、デザイン経営の導入を推進していることからも察していただけるでしょう。

弊社でも、デンマークのBespoke社と業務提携し、彼らのデザイン思考のアプローチ「Futures Design」をベースに、脱炭素時代の企業の在り方や事業アイデアを創出するワークショップ「グリーン・イノベーション・デザイン・ワークショップ」を開発しています。そして、クライアント企業との共創に活用しています。

このワークショップは、関係者で共創する事で自分たちが望む未来（「あるべき姿」ではなく「なりたい姿」）を作り上げ、その未来を築くための企業パーパスの再定義や事業アイデアなどを創出します。まずは「自社の存在意義」を考えることからはじめ、未来を創造するために今起こっている気候危機問題をはじめとする多くの社会課題がいかに自社に影響を及ぼすかを考察するためにリサーチを行い、未来を洞察します。その洞察に基づき、改めてその未来において自社がどうありたいかを明確化し、そこからアイデアを出していく、と

図5-8｜「デザイン経営ハンドブック」経産省特許庁

出典：経済産業省 2020年3月23日ニュースリリース
（https://www.meti.go.jp/press/2019/03/20200323002/20200323002.html）

図5-9 | グリーン・イノベーション・デザイン・ワークショップ
Futures Design紹介資料より

■ Green Innovation 活用フレームワーク例

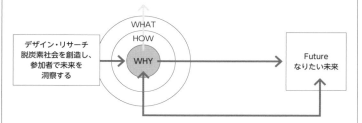

Start with WHY※1

企業やブランドの存在意義
（パーパス）を考えることか
ら施策の方向性を検討する

フィッシュボーン・ダイアグラム※2を
活用した施策アイデア創発

目指すべき姿ではなく、なりたい未来洞察
を行い、そのための課題や施策を俯瞰的に
考える

デザイン・リサーチ
脱炭素社会を創造し、
参加者で未来を
洞察する

WHAT
HOW
WHY

Future
なりたい未来

■ Green Innovation デザイン・キット・イメージ

インスピレーション・カード Inspiration Card	ファシリテーション・カード Facilitation Card	カードを使う意義

ワークショップで得ること
ができるデザイン思考のノ
ウハウをカードにし、自部
署に戻った際、自身でワー
クショップを行う際などに
参照する。

自身がワークショップをす
る際にメンバーに必要項目
のカードを提示することに
より、ワークショップを効
果的に進めるためのカード。

通常のテキストブックによる教本
ではなく、カード形式を使うのは
若年層の本離れやゲーム性をもた
らすからと言われています。
また、右脳を使うデザイン思考も、
文字を多用して解説している教本
よりも、インスピレーションが湧
きやすいシンプルかつデザインさ
れたカードの方が教育効果が高い
ものと思われます。

カードを使った戦略ワークショッ
プ風景

※1：https://www.ted.com/talks/simon_sinek_how_great_leaders_inspire_action?language=ja
※2：https://ja.wikipedia.org/wiki/%E7%89%B9%E6%80%A7%E8%A6%81%E5%9B%A0%E5%9B%B3

いう流れになります。

　「グリーン・イノベーション・デザイン・ワークショップ」にはデンマークの思想が盛り込まれています。ご存知のようにデンマークは、世界でも最も国民幸福度が高い国の一つであり、一人当たりの生産性も高く、イノベーションも多く起こっています。また、デンマークは国をあげて脱炭素社会を目指しており、再エネの活用では世界をリードしています。こうしたイノベーティブでサステナブルなデンマークの思想を取り入れたアイディア創出ができるワークショップです。

　開始して3年で15社1,000名以上の企業の方にご利用いただき、脱炭素社会における自社のありたい姿、そしてそれを実現するためにどのように脱炭素DXを行うかについて共創してきました。すでに実行に向けアクションをとり始めた企業も出てきています。

DXは脱炭素社会創造のために

　ここで、あらためて問いたいと思います。これからの企業の存在意義とは、何なのでしょうか？ 持続可能な未来をビジネスで創造するにはどうしたらよいでしょうか？

　我々は、いまこそ従来の高炭素排出型のビジネスモデルから脱却し、脱炭素型の新しい持続可能なビジネスモデルへと移行していかねばならないと考えています。ビジネスモデル移行にあたって、デジタルの活用、進化していく新しい技術の活用で実現できることは広がり続けています。

　つまり、脱炭素とDXを別次元で捉えるのではなく、新しい持続可能なビジネスモデルを実現するという目的、そのためのアイデアを実行するための手段としてDXを活用すべきなのです。

　脱炭素とDXをそれぞれ独立させて推進し、高炭素排出型のビジ

ネスを続けながらDXを活用しようとすれば、脱炭素はコストや手間のかかる"やっかいごと"でしかありません。何も変えないままでは、明るい未来へと進むことは困難でしょう。

ピンチはチャンスです。「DXは脱炭素社会創造のために行う」と定義し推進することで、産みの苦しみは伴うかもしれませんが、脱炭素型の新しいビジネスモデルに生まれ変わることができると信じています。そこには新しいビジネスチャンスがあり、持続可能な企業活動、利益創出機会が生まれてくることでしょう。

脱炭素化は、産業経済界にとっては産業革命やネット革命と同様、否、それ以上のビジネス機会だともいわれています。裏を返せば、この課題を情緒的な環境の危機感として捉えているだけでは、もったいないとさえいえるのです。

魔法の杖はありません。脱炭素化時代を生き抜く企業であるためには、関係者で未来を考え抜き、自社の存在意義を再定義し、方向を定めて動き出すしかないのです。

ビジネスのゲームのルールが大きく変わる時こそ叡智を絞り、「脱炭素DX」で改善ではなくイノベーションを起こし得るのです。輝く未来を創造する、大きなチャンスが到来しています。本書を手にとっていただいた企業の皆さまと共に新しい時代を切り拓いていけることを祈念するとともに楽しみにしています。

第5章 引用・参照リスト

*1 TED「Start with WHY」(https://www.ted.com/talks/simon_sinek_how_great_leaders_inspire_action?language=ja)

*2 ユニリーバ「パーパスを通して利益を生み出す：パイオニアとして学び続けた8年間」(https://www.unilever.co.jp/news/news-and-features/2019/profit-through-purpose.html)

*3「味の素グループ サステナビリティデータブック2017 味の素グループの事業とCSR」(https://www.ajinomoto.co.jp/company/jp/activity/csr/pdf/2017/csr_03-10.pdf)

第 6 章

変貌するキャピタリズム

（京都大学大学院　諸富 徹 教授　特別寄稿）

Chapter

06

　ここまで見てきたように、ヨーロッパをはじめとする世界は「脱炭素社会化」という資本主義の新しいゲームのルールに積極的に適応し始めています。行き過ぎた今の資本主義のルールが引き起こしたさまざまな問題に対して、これまで決定的な解決の糸口はなかなか見えない状況にありました。そうした現状をうけ、ルールそのものを変更することにより、持続可能な社会を実現しようとする挑戦が始まっているのです。脱炭素化社会の到来とともに、資本主義が大きく変わろうとしている、と言い換えることもできるでしょう。

　この章では、京都大学大学院経済学研究科経済学部教授である諸富徹氏に特別寄稿いただき、変貌する資本主義の概要と脱炭素社会において経営に重要な指標「炭素生産性」について解説いただきました。

　脱炭素化社会の実現に向けて変貌する資本主義を考える上で、諸富氏の提唱する理論は大変に参考になると考えます。これまで経済と環境は、別々の軸で語られる機会が大多数でした。経済成長のためには環境保全を置き去りにしてでも開発を優先することが当然であり、一方、脱炭素化をはかり地球環境を保全するためには、経済成長をあきらめることも必要とすらされてきました。

　しかし、経済学のスペシャリストでありながら、同大学院地球環境学堂の教授として環境学も追求している諸富氏は、確固たる根拠に裏打ちされた研究をもって、経済成長と脱炭素化は両立できると表明しています。それどころか、むしろ脱炭素化なきところに経済成長はない、と断言します。そして脱炭素化をはかりながら経済成長を目指すためには、第3章コラムで紹介したサーキュライズ社の事例に見るような（90ページ参照）、デジタル技術を活用したDXは非常に有効な手立てになり得るとしてもいるのです。

そこで本章では、脱炭素化とともに変貌する資本主義と、それに伴い企業経営にとって重要になる指標、そして脱炭素化社会における経済成長を促進するDXの可能性などについて、諸富氏に特別寄稿いただきました。

21世紀、陰りが見え始めた資本主義

産業革命以降資本主義は我が世の春を謳歌してきました。しかし、21世紀に入りその成長に大きな陰りを見せています。

21世紀の資本主義の基本問題

・ 長期停滞
・ 自然利子率の低下傾向
・ 非金融法人部門の「純借入」部門から「純貸出」部門へのシフト〜投資の減退
・ 経済史家ゴードンの主張
・ 長期停滞と日本経済
1) ストックレベルの内部留保（特にそのうち現預金）の増加傾向
2) フローレベルの「内部留保」と「配当」の増大傾向

産業革命以降の世界経済を支えた大きな要素は、工場などで大量生産されるモノ、つまり物質でした。物質を中心にした投資や消費が、経済成長の源でした。それに対して無形資産、いわばコトを中心とした経済・社会の在り方へと移行していくことを「非物質化」と呼んでいます。ではなぜ、非物質化は、これからの経済・社会の道しるべとなり得るのでしょうか。

　かつて、高度経済成長期と呼ばれた時代の日本は、毎年10%前後という非常に高い成長率を誇る経済大国でした。高度経済が石油ショックによって終焉しても、1980年代までは5%前後の成長率を保っていました。しかし、そうした状況は1990年前後に起こったバブル崩壊によって急激に落ち込み、それ以降は3%、場合によってはゼロ前後を上下する経緯をたどっています。

　日本のみならず他の先進国も、大なり小なり経済率の低迷に見舞われています。そのことを象徴するように、企業は借入部門から貯蓄部門へと変化し、投資を控え資金を内部留保する方向に転じています。

　いわゆる産業革命がもたらした発明と生活革新によって、消費者の生活レベルは一気に引き上げられました。例えば、冷暖房の発明により、どんな季節であっても室内の温度は20℃から25℃程度の適温に保たれるようになり、年間を通して快適な生活が実現しました。当然のことながら、冷暖房機器などの需要は爆発的な伸びを見せ、企業は大量生産方式の製造体制でその需要に応えました。このような「作れば売れる」状況が、当時の市場と消費活動を活発化させたことは言うまでもありません。

　しかし、一定程度に市場と消費が成熟し、人口の伸長率も止まると、そうした状況も終焉を迎えることになります。その後、生活が一変するようなさらなる産業革命が起きていれば、新しい快適さを求めて再び消費が活発化したはずですが、第三次産業革命以降は、生活革命を伴う大きなイノベーションは起きていないとするのが、アメリカの経済学者、ロバート・ジェームス・ゴードンをはじめとする研究者たちの分析です。

図6-1 | 設備投資額と減価償却費の推移（単位：億円）

出典：財務省 法人企業統計年報各年度版「調査結果の概要」のうち「資金需給状況（全産業）」より作成

図6-2 | 日本企業における当期純利益処分の推移（単位：億円）

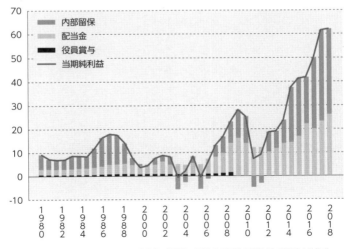

出典：財務省 法人企業統計年報各年度版累年比較「2.損益及び剰余金の配当の状況（全産業）」より作成

ITやスマートフォンなど、デジタル技術の劇的な進歩を、産業革命として捉える視点も存在してはいます。もちろん、そうした技術がある種の利便性を向上させたことは明らかです。しかし、かつてテレビ、エアコン、洗濯機などが生活の中に導入された時のように、それ以前と以後の時代を決定的に分かつような、画期的な生活革新には至っていない、とするのが大方の見解です。

　従ってモノの売れ方にどうしても限界が生じ、自動車その他の一部の産業を除いては、いわゆる「モノ作り」で大きな利益を獲得することが難しい時代が到来。そのことが、先進国の経済成長率の低下傾向に拍車をかけているのです。

　つまり、経済を上向きに巻き戻すためには、モノを中心としたこれまでの資本主義から脱却し、コトの価値を中心とした非物質化経済・社会への移行が必要なのです。

モノからコトへ。非物質化時代への移行

　実は、そもそも資本主義がモノ作り中心から知識中心、あるいはサービス中心に変わっていくであろうことは、今に始まった考察ではありません。「非物質化」の概念につながった議論が、1950年代から始まってはいたのです。「人的資本論」に関する、「知識化」「ポスト産業化」「脱産業化」といったキーワードを用いながら提唱された理論は全て、物質的なものが非物質的なものによって新たな価値を与えられ、資本主義が新しい発展段階へと進化を遂げること、いわば資本主義の「非物質主義的な転回」を表すものです。

　アメリカ経済の中で、モノを作る純粋な製造業ではない形で経済活動が行われ始め、そこから生まれるサービス・情報・金融に関する経済活動が活発化し、なおかつその経済的な価値が拡大しつつ

あることが、統計的にも検出されたのです。

　では経済成長の源泉となる、モノではない新たな価値とは何だろう、という議論の中で、知識をはじめとする人的資本の作用が注目されることになります。ノーベル経済学賞を受賞したポール・ローマー氏の「内生的成長理論」や、経済学史で知られるピーター・ドラッカー氏なども、そうした理論を提唱しています。

　しかし、目に見える形で「非物質化」へと大きくシフトしたのは、1990年代に起こったIT革命と呼ばれる動きの中でのことです。マイクロソフトやインテルなどのIT企業が台頭し始め、その後GAFAも加わり加速度的にデジタル技術が普及しました。コンピューターの普及に伴い、2000年代以降はそれを使って何をやるかが特に重要になり、今で言う非接触型、非対面型のサービスやビジネスが本格的に立ち上がっていったわけです。

　「非物質化」した商品やサービスが拡大してきた背景は、消費者マインドの変化からも説明することができます。消費者が、モノに対して機能以上の価値を求めるようになったのです。市場や消費の成熟とともに、欲求が高次元化している現代の消費者は、モノとしての良し悪しのみならず、ブランド力やデザイン性、安全性などの付加価値によって、購入するか否かを決めるようになっているのです。

　企業には、そうした消費者意識に対応するため、単に丈夫で長持ちするだけでなく、付加価値ある商品を開発する必要が生じました。ある時期から、自動車メーカーがデザイン開発に注力したことも、そうした事象のひとつです。それまでどおり機械としての性能向上は目指しつつ、一方でデザインにおける優位性を求め、そのための

投資を拡大したと見ることができます。こうした事例からもわかるとおり、付加価値を加えるために必要な要素として、知識やデザインなど、いわば目には見えない無形資産の重要性が非常に増しているのです。

　無形資産の代表は、知的財産です。また、ブランドや人間の知識、企業の組織、ビジネスモデルなども無形資産の中に含まれています。こうした無形資産の価値が重要化している状況は、企業だけでなく、経済全体にとっても同様です。

　無形資産を生み出すのは製造工場ではなく、人間です。つまり人間が無形資産を生み出すための重要な核となっているわけです。労働はもはや肉体ではなく、頭脳で貢献する方向へと変わり、そこから生まれる目には見えないコトの価値が高まるにつれ、投資の在り方も変化しているのです。商品の非物質化によって消費も、いわゆるモノ消費からコト消費へと移り変わっています。

　社会の非物質化が進んだからといって、モノ作りの重要性が低下したわけではありません。しかし、無形資産を中心とする資産の価値が高まり、そこから派生する所得が生まれ、それが経済成長の最も重要な源泉となる時代になっていることは明らかなのです。

「資本主義の非物質主義的転回」とは何か
・ 知識産業、脱工業化、ポスト資本主義
・「非物質主義的転回」の定義
1) 現代資本主義が生産と消費の両面で「物的なもの」から「非物質的なもの」へと重点を移行させる現象
2)「物的なもの」が「非物質的なもの」によって新たな価値を与

　えられ、資本主義が新しい発展段階へと進化を遂げること
3) 機能面でも価値面でも、「非物質的なもの」の重要性が格段
　に大きくなる
4)「物的なもの」が消えてなくなるわけではない〜「脱物質化」
　との区別
・資本（投資）、労働、消費の無形化
・経済学における非物質主義的転回
1) 人的資本と内生的成長理論
2) 研究開発とシュンペーター的「創造的破壊」

無形資産へと傾く国際社会

　そのように非物質化へと移行している経済・社会の在り方は、実際に数字の上からも見てとることができます。

　例えばアメリカ市場の動向を見てみると、有形資産に対する投資額は1970年代以降、一貫して右肩下がりを続けています。それに反比例するかのように、無形資産投資は右肩上がりを続けています。両者の数字は1990年代に逆転し、現在に至るまでその差は拡大する一方なのです。

　その投資対象に目を向けると、情報化資産、コンピューターとその周辺機器、それを動かしていくソフトの3分野に、目立った伸長を確かめることができます。特に1970年以降から数字が伸び始め、1980年代以降は明確に存在感を増しています。

　また、人的資本と組織構造に関する投資額が増えていることも特徴的です。つまり、ソフトウェアを代表する無形資産を生み出す資

源としての、人の知識と、それを支える組織に対して投資しているのです。

　企業が何に対して投資をしているかは、将来の市場を展望する上で欠かせない指標です。すなわち、アメリカ経済は圧倒的に無形資産に傾き、それに伴って人や組織などへの投資を増やしているのです。そしてこうした数字の動向からも、今後も無形資産を中心とした経済を推進していくことが予測されます。

　言い換えると、無形資産の重要性を認識し、非物質化に向けてビジネスを変革させていくことが、これからの市場競争で優位に立つためには重要なのです。

　一方日本は、アメリカと異なり、無形資産への投資が停滞しています。それどころか、2000年代後半からは、むしろ減少傾向にあるのです。人的資源や知的財産、組織構造といった、非物質化経済の中核となる要素に対して、投資が行われていないということです。有形資産と無形資産、双方の投資推移が、アメリカのように逆転する現象も見られてはいません。

　日本は、モノ作りに長じた国として世界からも認められています。高度経済成長の源泉となったのも、まさしくモノ作りの力です。しかし、そうしたモノ中心経済における成功体験があったがゆえに、コト中心へと切り替わった世界的な経済の潮流に乗り遅れてしまった、ともいえそうです。

脱炭素に向け、急加速する世界の動き

　前述したように、モノからコトへ、物質から非物質へと価値が転換されている経済の中で、ビジネスを成長させるためには、必然的

に無形資産のほうに向かわざるを得なくなっているのです。そうした、ビジネスにおける非物質化の必要性は、国際的な現代社会の流れにもぴたりと合致します。そういう方向の取り組みを進めていくと、結果として脱炭素社会へ舵を切る必要が生じてくるからです。

　産業革命以降の資本主義は、モノの生産に伴う温室効果ガスの排出をはじめとする、さまざまな環境負荷を発生させながら進展してきました。しかし近年は、気候変動など、そのことがもたらす負のインパクトが明瞭になり、資本主義の未来に大きな影を落とし始めています。

　地球環境の危機的な状態を見据え、国際会議「地球サミット」（国連環境開発会議）で「気候変動に関する国際連合枠組条約」、通称「地球温暖化防止条約」が締結されたのは1992年。
　これをうける形で、先進国の温室効果ガス排出量について、法的拘束力のある国ごとの数値目標を定めた「京都議定書」が採択されたのは1997年です。さらに2015年には、「京都議定書」の後継として、2020年以降の気候変動問題に関する国際的な枠組み「パリ協定」が合意されました。

　「パリ協定」の中では、2010年の「COP16」（気候変動枠組条約第16回締約国会議）で確認された「2℃目標」、すなわち、産業革命以降の気温上昇を2℃未満に抑えるための各国ごとの温室効果ガス削減目標も示されました。科学的根拠をもとにはじき出された数字とはいえ、この2℃という数字は、非常に厳しい数値であり、それゆえ意欲的として国際社会から評価を得た目標値でした。しかし現在は、気温上昇の目標を1.5℃までとしなければ、気候変動の悪影響を回避し、持続可能な地球環境を維持することは難しいとされています。脱炭

素が国際的かつ喫緊の課題であることは、自明の理なのです。

　こうした状況をうけて、持続可能な環境を取り戻し、希望あるよりよい未来を創造すべく、早くも1990年代以降、ヨーロッパ諸国は本気で脱炭素に取り組み始めました。東西冷戦が終わると同時に、最大の世界共通課題となった地球温暖化問題を、真剣に受け止めた格好です。

　そして、地球温暖化を食い止める方策として特に注目されているのが、企業の事業活動で発生する二酸化炭素（CO_2）の削減を図る、脱炭素化です。世界では、この脱炭素化が、資本主義が生き延びる唯一の方法だという認識が広がっています。

　脱炭素化に向けた動きは、ここへ来て加速している感があります。脱炭素の動きをリードするヨーロッパの一角であり、2008年に気候変動法を制定したイギリスは、温室効果ガスの排出量を、2050年までに1990年比で80％削減することを法制化していましたが、これを修正。2050年までの排出ゼロを目指すと、2019年に発表しました。

　さらに、その実現に向けて、2035年までに1990年比で78％削減する新たな目標を、2019年4月に発表。もともと国際社会からも意欲的と受け止められてきた目標を、さらに前倒しした格好です。

　また、これまで気候変動対応に関して、目立ってポジティブな取り組みのない印象だったアメリカも、政権交代を機に脱炭素へ向けて急加速を始めました。ジョー・バイデン大統領は、2021年4月に開催された気候変動サミットにおいて、2030年までにCO_2排出量を2005年比で50〜52％削減すると発表。2025年までに同26〜28％としていた削減目標を、2倍近く引き上げた形です。

　こうした世界の動向に追随し、日本も菅義偉総理大臣が所信表明

演説の中で、2050年までに温室効果ガスの排出量ゼロを目標にすると宣言。これまで、2013年を起点として2030年までに26％削減、および、2050年までに80％削減としていたこれまでの目標を、はるかに上回る非常に厳しい目標を掲げ、本格的な脱炭素社会の実現に向けて大きく舵を切りました。

　経済産業界においても、今や脱炭素化は重要な取り組みと位置づけられています。特に2010年代半ばからは、脱炭素化に関する投資家の意識がだいぶ厳しくなってきたことも、きっかけのひとつでしょう。企業活動を通したCO_2の排出量をはじめ、脱炭素化に関する計画によっては、投資の見直しを辞さないということです。
　アップルのように、サプライチェーンに対しても100％再エネを実現させると表明する企業の存在も、影響を及ぼしています。そうした企業と取引する会社は、自ずと事業における再エネ率を増やさざるを得ないからです。

公正な市場競争の在り方とは

　脱炭素化へ向けた動きの中で、注目されている取り組みのひとつが「カーボンプライシング」です。これはCO_2排出量に応じて事業者がコストを負担する、いわば炭素税とでも呼ぶべき仕組みで、日本でも本格導入が検討されています。そのカーボンプライシングさえ、環境先進国といわれる北欧諸国では1990年代初頭に、その他のヨーロッパの大国でも2000年前後にはすでに取り組みをスタートさせています。

　カーボンプライシングは、環境を良くするための経済的動機づけを付与するツール、と説明することができます。しかし、価値はそ

れだけではありません。実は、産業の構造転換を後押しする原動力にもなるからです。

　これが導入されると、当然のことながら、CO_2排出量が多い企業ほど税負担が重くなります。反対に、CO_2排出量が少ない企業は、税の還元率が高くなるわけです。つまり、明らかにCO_2排出量が少ない企業が有利な構造ができあがるのです。

　北欧諸国などでは、こうした経済の在り方こそがフェアだとする考え方が定着してきています。資本主義の原則に立ち戻った視点から、何をもって公正な市場競争が成立するのか、という捉え方がすでに変化しているのです。

　言い換えると、どれほど魅力的な商品を提供できたとしても、その過程でCO_2を大量に排出し、将来世代の持続可能性を狭めるような企業は、評価されない世界が到来しているということです。そうした企業は、児童労働や強制労働によって不当に安い製品を作るようなことと同じく、不公正な競争を行う企業とみなされているのです。

　裏を返せば、これからの世界に求められているのは、カーボンプライシングを導入し、それを適正に負担してなお成長できる企業です。つまり、今後の市場競争で優位に立ち得るのは、CO_2排出量は可能な限り削減し、なおかつ成長率は大きい企業なのです。

　カーボンプライシングの取り組みは、世界で広がり続けています。毎年各地で新たな炭素税や、炭素排出量取り引き制度が導入され、その税率が年を追って上がっている国や地域さえあります。つまり、これまでの常識に沿って事業を展開していたのでは、企業の成長は見込めないばかりか、維持することさえ難しくなっているのです。

こうした経済・社会の変化によって、特に欧州などでは産業構造の変化が起こっています。それに伴い、CO_2排出量の少ない業種、言い換えると、より企業価値が高いところへと、人的資源も移動しています。

デカップリングに成功したスウェーデン

石油資源に頼り、物質の大量生産と大量消費を経済の原動力としてきた資本主義の中では、経済成長とCO_2排出量は比例することが常識でした。より多くの利潤を生み出す国や企業は、より多くのモノを作り、売り、その過程でより多くのCO_2を排出するものとみなされてきたからです。

しかし脱炭素化という新しいルールが基準となったゲームに、これまでどおりのパターンが通用しないことは明白です。ではCO_2排出量を抑制しながら、経済を成長させていく——いわゆる「デカップリング」を成功させるためには、どんな取り組みが必要なのでしょうか。

それを考えるにあたり、スウェーデンの取り組みは非常に参考になります。過去15年でGDPが87％も伸びている一方、温室効果ガスの排出量は23％も減っているのです。カーボンプライシングの導入などを通して、省エネや燃料転換によりCO_2排出量を減少させる取り組みを、国をあげて進めたことが、脱炭素化に向けた大きな原動力になりました。それと同時に、さらにビジネスの高みを時代とともに躊躇なく入れ替えるようなヨーロッパ企業のビジネスの在り方にも、成功の理由があるようです。

彼らは、より付加価値が高く、なおかつ脱炭素化できる方向へと、

躊躇なくビジネスをシフトしていったのです。裏を返せば、CO_2を大量に排出するような付加価値が低くなったビジネスの内容を、どんどんリストラしているわけです。だから欧米には、例えばシーメ

図6-3 | スウェーデンのデカップリング　GDPとCO₂排出量

(100=1990年)

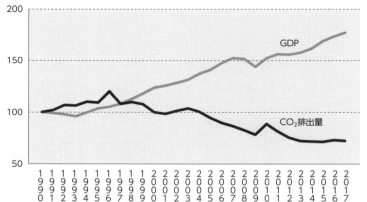

図6-4 | デカップリングしきれない日本　GDPとCO₂排出量

(100=1990年)

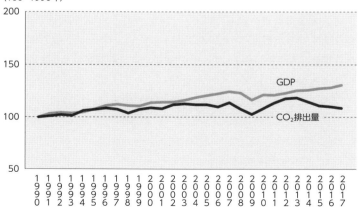

ンスのように、気がつけば業種も業態も変わっていたというような企業が、少なくないのです。

しかもこの間に、スウェーデンのカーボンプライシングにおける事業負担は、段階的に重くなっているのです。つまり、CO_2を排出すればするほど、コストとして背負う金額も年々増していった、というわけです。それでもなお、87％も伸長したGDPの数字が示すとおり、脱炭素化を伴いながら成長している企業が多数現れていることは、疑いようのない事実です。これまでのような、物質を中心とした経済・社会の常識とはまったく異なる新たな常識の中で、世界の経済・社会が力強く歩みを進めている現実があるのです。

脱炭素化のためには、主なCO_2排出源となっている化石燃料による火力発電を廃止し、再エネに転換していくような取り組みも重要です。しかしそれに加えて、経済をより成長させるためには、非物質的な世界でより大きなビジネスを展開し、産業構造の変化をもたらすようなしくみを創り出していくことも必要なのです。

日本はどういう道を往くべきか

・これまで、経団連を中心とする日本の産業界は、脱炭素化に真剣に向き合ってこなかった（欧州の陰謀／罠ではないかという囁きの声すら、水面下ではあった）。だがいまや、バイデン政権のアメリカ、そして中国までもが脱炭素化に向けて動き出した。選択の余地はない。

・まず我々は、「環境と経済は対立する」という通念を捨てるべきだ。1990年以降、過去30年間の脱炭素化の国際的な歩

みは、この通念が誤っていたことを証明している。脱炭素化と経済成長はむしろ、手を携えて進んできたのだ。これからもそうであろう。だがその実現は、現在の経済構造の延長線上では困難だ。産業構造の転換が必須となる。

・ 我々は、今まさにコロナ禍の渦中にあり、必要に迫られて非対面・非接触型経済に急速に移行しつつある。これを本格的に創造的な産業構造転換につなげ、デジタル化と脱炭素化を同時達成することを通じて新しい経済成長に道を付けていく必要がある。いま、我々はその分水嶺に立っている。

経済の起爆剤になりうる可能性

　スウェーデンの企業をはじめとした、デカップリングの成功例が示唆することの一つは、脱炭素自体がビジネスになる、そしてその領域がますます広がっているということです。

　エネルギーを例にとってみると、これからは太陽光や風力など自然の力を活用した発電方法が主流になるはずですが、言い換えればそこが大きな経済セクターになるということなのです。

　デンマークのように大胆に舵を切れば、あのように小さな国からでも、風力の世界的企業が現れるのです。日本の洋上は、風力発電に適した世界有数の海域だといわれています。特に秋田沖、青森沖、それから北海道の沖は、外資系の電力関連企業からも大いに注目されています。つまり、脱炭素化が経済の起爆剤になるような資源を持っている、ということでもあるのです。

　もう一つには、脱炭素化がビジネスの成長に直結しているということです。しかしそれを実現させるためには、より付加価値の高い非物質的な方向へとビジネスの中身を大胆に変えてゆく、欧米企業の例に見るような柔軟さも重要です。

　その両方に取り組むことで、自ずと経済成長という結果もついてくるはずなのです。

　リチウムイオン電池の開発によりノーベル化学賞を受賞した吉野彰氏をはじめ、今、2025年が産業の大転換点になると予想する人が増えています。そのあたりに、リチウムイオン電池の価格が、一般的に普及できるほど下落するとも見られています。

　アメリカのGM社が全ての自動車を電動化すると表明したことも、その予測と無関係ではないでしょう。同時に自動運転の技術も洗練されていくことは間違いありません。

　つまり2025年を境に、産業構造の主役ががらりと変わることも起こり得るのです。

　日本には、祖業を守ることを良しとする風潮がありますが、欧米のように、企業としてもデカップリングしながら産業全体としてもデカップリングするという変化の仕方も、これからは必要なのではないでしょうか。

「永遠の課題」を突き付けられる日本企業

　多くの日本企業は、依然として、環境保全とビジネス成長を相反するものとして捉えているように感じます。コストがかかる脱炭素化は、業績にマイナスの影響を及ぼす取り組みだと考える企業が少なくないようです。いわば、「環境保全か、成長か」の二者択一とい

う考え方です。

　しかし、実のところ、両者は企業にとって、いわば車の両輪のようなもの。スウェーデンのデカップリング成功例が物語っているとおり、実際に両立することが可能なのです。それどころか、脱炭素なきところに、これからの企業の成長はないとすら言えるのです。

　では、脱炭素時代を成長しつつ生き抜き、希望ある未来を創造する持続可能な組織となるために、日本の企業はどんな取り組みを進められるでしょうか。

　振り返ってみると、高度経済成長期以来、モノ作りに長じていた日本企業は、主に工場のインフラなど有形資産の改良や価値の向上に、IT・デジタル技術を適用してきました。一方、GAFAの台頭からもわかるとおり、現在の世界経済をリードするグローバル企業は、新しいビジネスモデルやこれまでにない価値を創出するために、ITを活用しています。そこでは、工場で生産される有形のモノに代わり、情報やデザインといった無形資産が、企業の重要な資本となっています。

　こうした日本と世界の経緯に、一つのヒントを見出すことができそうです。

　日本企業は、例えばIT・デジタル技術の活用方法をこれまでと変えることで、新しい事業やサービスを創出しつつ、脱炭素化も推し進めることが可能になります。いわゆる、DXの推進です。

　工場現場におけるAI、IoTの活用がその一例です。生産プロセスで発生するさまざまなデータを収集・蓄積し、それを新たな事業・サービスの創出に生かします。これにより、モノの製造・販売に依存しない、収益性の高い新たなビジネスの柱を作る。このような

「製造業のサービス産業化」は、環境負荷の低減、脱炭素化とDXを両立するための有効な方法の一つといえます。モノ作りの世界から、そうした非物質的な世界へ転換すると、モノやエネルギーの消費は自ずと減少します。それに比例して電気の消費量は増えますが、だからこそ100%再エネによる電力供給の世界を目指すべきでしょう。

　企業が脱炭素化とDXの両方にチャレンジしていく上では、テクノロジーを導入するだけでなく、人や組織の在り方も含めて見直すことが重要です。それには当然、経営者が強力なリーダーシップを発揮することが欠かせません。市場で生き残るため、ときには痛みを伴っても全社的な改革を断行する必要があります。

　ムダを省いて人を減らす方向ではなく、ビジネス全体のパイを拡大する方向に進む。ビジネスの非物質化に向けたデジタル活用では、この点を意識することが肝心です。

　くしくもDXは、脱炭素と低炭素の実現に向けた取り組みとして、キーワードの一つとなっています。そうであるにもかかわらず、気候変動とDXを結びつけた企業レベルでの実践は、まだほとんど見られません。目標として掲げる企業はあるものの、それを経営戦略にもしっかりと結びつけ、産業やビジネスの構造転換に資するということを使命として事業展開する、というように打ち出している企業は、まだほんの少数なのです。

　デジタル化、非物質化を推進し促進することが、結果として脱炭素の実現につながることは事実です。しかし取り組む際に、なぜ進めるか、進めなければならないのか、その本質を理解しておくことも、極めて重要です。

何のためのICT投資か

・ 日本でGAFAに伍してICTに積極的に投資し、国際的に存在感を発揮する企業はいまのところ、見当たらない。

・ それどころか、日本企業はICT投資が新しいビジネスモデルを展開する手段になりうることに長年気づかず、たんに社内業務効率化のための手段としてしか位置づけてこなかった。

・ 岩本晃一氏が指摘するように、日本企業の経営者は、ICTが資本主義経済にもたらす意味を完全に過小評価してきた。

・「日本企業の経営者は、IT投資に対する重要性の理解が低く、なかなかIT投資を行わず、もし行ったとしても、企業の売り上げを増やす方向ではなく、コスト削減や人員削減の方向で投資をするため、企業の売り上げ増に反映せず、国の景気を上向かせる方向で働かないとされている。それは各種アンケート調査で明らかになっており、それが日本企業の国際競争力の低下の大きな要因となっている」

(岩本晃一 経済産業研究所 [RIETI] 上席研究員)

おわりに　私たちが目指す未来

　私たちが目指す2050年のカーボンニュートラル社会。それは数年前までは、「温室効果ガスを減らすことはできても、ゼロにすることは絵空事」と多くの人が考える幻想の社会でもありました。しかし今私たちは、新しい社会に向けて、着実にその歩みを進めています。

　日本政府によるカーボンニュートラル宣言以降、脱炭素社会に向けた取り組みは日に日にその勢いを増しています。地球温暖化対策推進法の改正やコーポレートガバナンスコードは、脱炭素社会移行のための計測と可視化、透明性を高めるための社会基盤整備と言っていいでしょう。

　一方で、蔓延する新型コロナウイルスによって、くしくも私たちは新しい働き方とライフスタイルへの移行に背中を押されることになりました。なかなか進まなかったテレワークの定着、日本の伝統的なハンコ文化の終焉など、パンデミック下の社会転換の様子を、皆さんも体感したのではないでしょうか。

　脱炭素社会という新しい常識への転換期のさなかを生きる私たち。これまでの常識や慣習は、将来、笑い話として、また驚きをもって語られることでしょう。かつてOA化やIT化などのキーワードとともに、情報化社会やインターネット社会が到来し、私たちの暮らしやビジネス環境は、大きな進化を遂げました。そして、来たる脱炭素社会への先導役の一つが脱炭素DXであると、私たちは確信しています。

　メンバーズは2020年より、ゼロカーボンマーケティング研究会を立ち上げ、マーケティングやDXの力でゼロカーボンを実現する

方法を多くのお取引先企業の方々と共に模索しています。ゼロカーボンまでの道のりは険しくとも、達成に向けて、微力ながらその一端を担っています。これからも、その歩みを緩めることなく推進していきます。ご興味を持たれた方は、研究会主催の公開セミナー等にご参加ください。一社でも、そして一人でも多くの皆さんと共にゴールを目指していきたいと考えています。

はじめにご紹介したとおり、メンバーズではVISION2030（2030年の目指す姿）として、「日本中のクリエイターの力で、気候変動・人口減少を中心とした社会課題解決へ貢献し、持続可能社会への変革をリードする」ことを目指しています。

デジタルビジネス支援をおこなっている私達としてできることは、企業の脱炭素DXを支援し世の中を変え、脱炭素社会の創造に貢献していくことだと考えています。巻末に脱炭素DXに関する提供サービスを記載しました。ご興味をお持ちいただけたらお声掛けください。

近い将来、私たちはどのような社会の風景を見ることができるでしょう？ どうすれば、心豊かでワクワクする、次世代に託すに恥じない社会を作ることができるでしょうか？ 残された時間は多くはありません。たとえ少しずつでも、大きな一歩を皆さんと共に進めていきます。

最後になりますが、本書の執筆・編集にあたって多くの方々のご支援・ご協力を賜りました。

寄稿いただきました京都大学大学院の諸富先生、また取材にご協力いただいた、サーキュラーエコノミー・ジャーナリストの西崎さん、みんな電力株式会社さま、アサヒグループホールディングス株式会社さま、イオン株式会社さま、ANA X株式会社さま、味の素株式会社さま、記事のご提供をいただきました「IDEAS FOR

GOOD」(ハーチ株式会社) さま、「IDEAS FOR GOOD」より記事の掲載を承諾してくださった企業・団体および記者のみなさま、その他本書の制作に関わってくださった皆さま全員に、この場を借りて心よりお礼を申し上げます。皆さまのご支援なしには、本書発行を実現することはできませんでした。ありがとうございました。

2021年9月
株式会社メンバーズ・ゼロカーボンマーケティング研究会

株式会社メンバーズ　サービスのご紹介

メンバーズでは脱炭素社会の創造に向けた企業のDX推進支援や、
ビジネスアイデア創出支援を行っております。お気軽にご相談ください。

■ DX PRODUCER

貴社ビジネスを本質的に理解し、かつ専門性の高いDXプロデューサーやクリエーターが、事前企画・設計段階から貴社のDXを支援いたします。多様な課題を抽出し、それぞれのタスク管理、計画化を推進。フェーズごとの専任体制で、提供価値の最大化やビジネス成果創出に向けた施策を実行します。

サービス詳細・お問い合わせはこちらから
https://www.members.co.jp/services/dx/index.html

■ グリーン・イノベーション・デザイン・ワークショップ

当社のパートナーである、デンマークのデザイン会社Bespoke社のメソッド「Futures Design」をベースに、日本企業向けにカスタマイズした未来共創型ワークショップです。参加者は「あるべき姿」ではなく「ありたい姿」を想像し、バックキャスティングで脱炭素時代の企業のあり方や事業アイデアを創出するプログラムです。

サービス詳細・お問い合わせはこちらから
https://popinsight.jp/futuresdesign-zerocarbon

■ サステナブルWebデザイン

インターネットの世界的な普及によってその電力消費による全世界のCO_2排出量は、世界で5番目のCO_2排出国であるドイツの排出量と同程度[※]と無視できない規模となっています。しかし、コンテンツ、デザイン、全体の設計を見直すことで、CO_2排出量を低減しながら利用者にとっても快適なWebサービスが実現できます。メンバーズではサステナブルWebデザインを、Web制作およびデジタルマーケティングを本業としている当社が取り組むべき課題として認識し、社内に研究チームを立ち上げて、手法の確立と普及を推進しています。

※ Fossil CO_2 emissions of all world countries 2018 EU Commission 参　照（https://publications.jrc.ec.europa.eu/repository/handle/JRC113738）

脱炭素DX

すべてのDXは脱炭素社会実現のために

2021年9月30日　第1刷発行

著　　　者	株式会社メンバーズ・ゼロカーボンマーケティング研究会
発 行 者	長坂嘉昭
発 行 所	株式会社プレジデント社

〒102-8641
東京都千代田区平河町2-16-1 平河町森タワー13階
https://www.president.co.jp/　https://presidentstore.jp/
電話　編集03-3237-3733
　　　販売03-3237-3711

販　　　売	桂木栄一、高橋 徹、川井田美景、森田 巌、末吉秀樹、神田泰宏、花坂 稔
企　　　画	原 裕、近藤菜保子、萩谷衞厚、佐藤 静（メンバーズ編集チーム）
構　　　成	岡 小百合
イラスト	國村友貴子
取材協力	IDEAS FOR GOOD（ハーチ株式会社）
装　　　丁	鈴木美里
組　　　版	清水絵理子
校　　　正	株式会社ヴェリタ
制　　　作	関 結香
編　　　集	金久保 徹、浦野 喬

印刷・製本　大日本印刷株式会社